RUTH KATZENBERGER-SCHMELCHER

GEHIRN — JOGGING

für clevere Pferde

Denksport auf vier Hufen

KOSMOS

INHALT

4 Kluger Kopf unterm Schopf!

6 Lernprofi Pferdegehirn

9 Die Grundbegriffe rund um das Pferdegehirn

16 Wunderwaffe sensomotorisches Training

19 Bewegung macht schlau!

26 Ein wieherndes Klassenzimmer

29 Grundvoraussetzungen für stressfreies Lernen

40 Denksport mit Click!

43 Mit dem Click zum Pferde-Abitur

54 Trainingsfalle Leckerli?

64 ÜBUNG 1: Tausendsassa Targetstick

76 ÜBUNG 2: Mit dem Targetstick zum Kuss

80 ÜBUNG 3: Farbenspiele

84 Weitere Target-Ideen

86 Bewegungsintelligenz fördern

89 ÜBUNG 4: Multitalent Koordinationsleiter

94 ÜBUNG 5: Proprio-Pylonen-Straße

96 ÜBUNG 6: Slalom mit Steigung!

98 ÜBUNG 7: Stangenmikado

100 ÜBUNG 8: Eine runde Sache

102 ÜBUNG 9: Auf den Apfel gekommen!

106 ÜBUNG 10: Hütchenspiele!

108 Service

109 Register

111 Impressum

Kluger Kopf unterm Schopf!

Pferde sind intelligente Tiere. Wie clever sie sind, merken wir als Pferdebesitzer im Alltag meist dann, wenn wir erstaunt beobachten, wie erfinderisch unsere Pferde in manchen Situationen werden. Manchmal zaubert uns dieses Schlauberger-Verhalten ein Schmunzeln ins Gesicht, ein anderes Mal treibt es uns fast in den Wahnsinn.

Das Shetlandpony wird zum Panzerknacker, indem es eine eigene Strategie entwickelt, um selbstständig die Tür zur Futterkammer zu öffnen. Das Warmblut testet die Leitfähigkeit der Stromlitze, wenn es sich vorsichtig mit der Schnute nähert und schließlich die Stelle ausmacht, an der kein Strom ist – um auf die Weide mit sattem Grün auszubüxen. Der Hannoveraner erkennt bereits am Halfter, mit dem die Besitzerin aus der Ferne in seine Richtung geht, dass heute Bodenarbeit auf dem Trainingsplan steht, und sucht das Weite. Diese Beispiele zeigen, dass Pferde eine Fähigkeit besitzen, die als Zeichen von Intelligenz gilt: Probleme lösen und Zusammenhänge erkennen. Auffassungsgabe und Erkenntnisvermögen unserer Vierbeiner können wir fordern und fördern. Gehirnjogging steht dabei für Übungen, Rätsel und Spiele, mit denen die sogenannten kognitiven Leistungen des Pferdes trainiert werden. Kognitiv bezeichnet Fähigkeiten wie Wahrnehmung, Auf-

Lass uns nun gemeinsam erforschen, wie klug der Kopf unter dem Schopf deines Pferdes ist!

merksamkeit, Gedächtnis und Entscheidungsfindung. Diese geistigen Funktionen braucht das Pferd, um verschiedene Aufgaben zu lösen – von einfachen bis hin zu komplexen. Denksport ist nicht allein dem Menschen vorbehalten: Auch kluge Pferdeköpfe können trainiert werden! Müssen wir nun aus unserem Pferd einen Albert Einstein formen? Wenn wir uns bewusst machen, wie gescheit unser Pferd ist, können wir es nicht nur besser verstehen, sondern ein abwechslungsreiches Training bieten, dass unseren schlauen Freizeitpartner geistig auslastet. Ausgelastete Pferde sind ausgeglichene Pferde. Ein weitreichenderes Verständnis für ein gelassenes Pferd ist die beste Voraussetzung für eine innige Verbindung und eine wunderbare, gemeinsame Zeit. Aus den Pferden „Maxi“ oder „Bella“ brauchen wir zwar keinen „Albert“ zu machen. Aber Gehirnjogging wird nicht nur dem Pferdeköpfchen zugutekommen, sondern auch dem Verhältnis zwischen Pferd und Mensch.

Dieses Buch richtet sich daher an alle Pferdebesitzer, die mit smarten Übungen das Pferdegehirn anregen, die Intelligenz und Selbstständigkeit des Pferdes fördern wollen und Trainingsideen an die Hand bekommen möchten, die das Pferd im gemeinsamen Alltag zu einem gelassenen und zufriedenen Partner machen. Die Übungen, die mit dem Clicker trainiert werden (S. 64 ff.), erfordern theoretisches Hintergrundwissen. Ohne diese Wissensbasis rund um den Knallfrosch, kann es schnell zu Trainingsfrust kommen. Wer sich am „Training mit Click“ versuchen möchte, sollte daher unbedingt die Theorie ab Seite 40 ff. studieren. Du willst ohne Vorbereitung schnell und easy ein paar Übungen mit Deinem Pferd ausprobieren? Dann eignen sich die Übungen ab Seite 89 besonders: Hier sind die Theoriefakten kein Musthave, um Erfolge zu sehen.

Ruth Katzenberger-Schmelcher

LERNPROFI PFERDEGEHIRN

WUNDERWERK PFERDEGEHIRN

Egal ob junges oder altes Pferd: Das Pferdegehirn ist in der Lage, ständig dazuzulernen. Diese Erkenntnis eröffnet uns im Training zahlreiche Möglichkeiten.

Die Grundbegriffe rund um das Pferdegehirn

Schon Hippokrates hat es im fünften Jahrhundert vor Christus erkannt: Das Gehirn ist die Schaltzentrale des Körpers. Egal ob es um bewusstes Denken, Essen, Atmen, Sehen, Riechen, Hören, Fühlen, Bewegung, Schlafen oder eben Lernen geht: Das Gehirn ist immer beteiligt und immer aktiv.

GROSSHIRN, KLEINHIRN & CO: DIE VERSCHIEDENEN GEHIRNTEILE

Das Gehirn ist als Steuerungsanlage von Emotionen, Bewegung und Lernen das wohl spannendste Organ des (Pferde-)Körpers! Wollen wir das Gehirn wie einen Läufer trainieren, lohnt es sich, einen Blick auf seinen Aufbau und seine Funktionsweise zu werfen.

Das Gehirn besteht aus unterschiedlichen Teilen, die verschiedene Funktionen wahrnehmen: Das Stammhirn ist als entwicklungsgeschichtlich ältester Teil des Gehirns für die überlebenswichtigen Funktionen wie Atmung, Herzschlag, Reflexe usw. zuständig. An das Stammhirn schließt das Zwischenhirn an. Im Zwischenhirn sitzt der Thalamus, der das Bewusstsein steuert, und der Hypothalamus, der z. B. Hunger, Durst, den Schlaf-Wach-Rhythmus oder den Sexualtrieb steuert. Das Kleinhirn ist verantwortlich für die Bewegung, Koordination, Bewegungsabläufe und die Feinmotorik. Das Großhirn besteht aus zwei Hälften (der linken und rechten Gehirnhälfte), die durch einen Balken verbunden sind. Im Großhirn entstehen bewusste und unbewusste Handlungen und Gefühle. Es ist außerdem für Hören, Intelligenz und Gedächtnis verantwortlich. Für

Hier steckt ein kluger Kopf unterm Schopf! Pferde sind in der Lage, komplexe Aufgaben zu trainieren.

Alle Nervenzellen haben den gleichen Aufbau: Eine Nervenzelle besteht aus einem Zellkörper mit vielen Dendriten und einem Axon.

Pferdebesitzer besonders relevant ist die Amygdala, die wegen ihrer anatomischen Form auch Mandelkern genannt wird: Dort ist das Zentrum des emotionalen Gedächtnisses. Besteht Gefahr, schaltet sich der Mandelkern ein, und zwar ohne den „gefährlichen" Reiz vorher zu bewerten. Der Mandelkern reagiert als Alarmanlage blitzschnell bei Reizen, die eine Gefahr bedeuten könnten – ohne einen Reiz vorher zu bewerten oder zu überprüfen. So entsteht der Fluchtreflex, den das Pferd nicht unterdrücken bzw. kontrollieren kann. Wildpferde sichern so ihr Überleben – im Zusammensein mit dem Menschen können hingegen gefährliche Situationen für Zwei- und Vierbeiner entstehen.

FASZINATION NERVENZELLEN

Das Gehirn und das Rückenmark bilden zusammen das zentrale Nervensystem (ZNS). Die anderen Nervenbahnen bilden das sogenannte periphere Nervensystem (PNS). Das Gehirn besteht zum Großteil aus Nervenzellen.
Der Zellkörper beinhaltet den Zellkern und verzweigt sich in viele kleine

Fortsätze, die sogenannten Dendriten. Die Dendriten stehen mit vielen anderen Zellen in Verbindung und sammeln überall Informationen (Reize), die sie an den Zellkörper weiterleiten. Ein Fortsatz des Zellkörpers ist besonders lang und groß: das sogenannte Axon. Die Aufgabe des Axons ist es, die von den Dendriten aufgenommenen Reize in der Nervenzelle weiterzuleiten. Am Ende des Axons befindet sich die Verbindung zur nächsten Nerven- oder Muskelzelle: die Synapse.
Du kennst nun die wichtigsten Grundbegriffe rund um das Pferdegehirn.

Gleich beschäftigen wir uns mit dem Thema „Lernen“. Hierfür solltest du dir aus diesem Kapitel vor allem merken:

AUFGEPASST!

Wesentliche Grundlage der Funktion des Gehirns ist die Kommunikation zwischen Nervenzellen. Hierbei werden Signale von Zelle zu Zelle über Synapsen weitergegeben: So werden Sinneseindrücke verarbeitet und Gedanken entstehen.

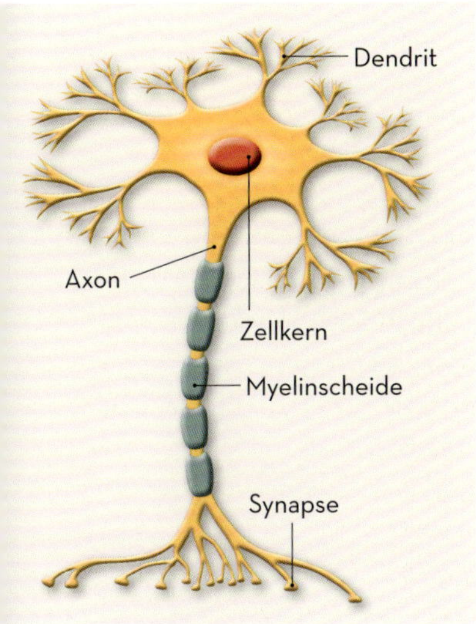

WAS IST LERNEN ÜBERHAUPT?

Lernen beschreibt in der Lernpsychologie den Prozess zum Erwerb von Erlebens- und Verhaltensweisen, welche durch eine Interaktion mit der Umwelt zustande kommen. Wichtig dabei ist: Das Lernen an sich ist nicht direkt beobachtbar. Wir erkennen es nur aus einer Verhaltensveränderung heraus. Ob unser Pferd zum Beispiel gelernt hat, dass das Wort „Halt“ die Reaktion „Stehenbleiben“ hervorrufen soll, erfahren wir erst, wenn es sehr zuverlässig entsprechend auf unser verbales Kommando reagiert.

Woher weiß unser Pferd eigentlich, wann es alltägliche Aufgaben wie das Hufe geben ausführen soll?

Aber wie funktioniert Lernen eigentlich genau?

DIE BASIS ALLER LERNPROZESSE

Hast du dich schon einmal gefragt, was Lernen eigentlich bedeutet? Vorab sei schon einmal verraten: Es gibt verschiedene Definitionen des Lernens. Egal auf welche Definition wir uns berufen (dazu später mehr) – sie haben alle eine gemeinsame Grundlage: die entscheidenden Vorgänge im Gehirn.

Das Gehirn ist das für das Lernen verantwortliche Organ. Die Basis aller Lernprozesse sind dabei die Verbindungen zwischen den Nervenzellen (auch Neuronen genannt). Ganz vereinfacht ausgedrückt bedeutet das: Nervenzellen kommunizieren miteinander. Das Nervennetz ist dabei ein riesiges Netz, das sich im ganzen Körper ausbreitet und dafür sorgt, dass Informationen sowohl von den Sinnesorganen zum Gehirn als auch Informationen vom Gehirn zu den ausführenden Muskeln und von dort wiederum zurück ins Gehirn gelangen. Die Verbindungsstellen, die für die Kommunikation zwischen den Nervenzellen verantwortlich sind, heißen Synapsen. Die Synapsen spielen im Training eine entscheidende Rolle.

Hebb'sche Lernregel nach dem Psychologen Donald Olding Hebb:
Je häufiger Nervenzelle A gleichzeitig mit Nervenzelle B aktiv ist, umso bevorzugter werden die beiden Nervenzellen aufeinander reagieren („what fires together, wires together").

Tägliche (Trainings-)Erfahrungen sind also Lernerfahrungen, die Verknüpfungen im Gehirn entstehen lassen. Je öfter die Verbindungen zwischen Neuronen genutzt werden, desto gefestigter werden sie. Lernen ist damit ein physischer Prozess, den wir im Training maßgeblich beeinflussen können: Neuronale Verknüpfungen formen und verändern sich lebenslang. Man spricht hier auch von Neuronaler Plastizität oder Neuroplastizität. Und genau das macht (Lern-) Training so unglaublich spannend!

Jede Erfahrung ist eine Lernerfahrung, die letztlich darüber bestimmt, wie entspannt das Miteinander von Mensch und Pferd ist.

Gehirnjogging eignet sich für ausnahmslos jedes Pferd – unabhängig von Alter, Temperament oder Rasse.

AUFGEPASST!

Das Gehirn jedes Pferdes lässt sich trainieren – unabhängig von Rasse, Alter oder körperlicher Fitness. Grundlage hierfür ist, dass sich die Verbindungen von Nervenzellen im Gehirn durch Training verändern lassen (sog. Neuroplastizität).

Schon gewusst?

Neuroplastizität bezeichnet die Eigenschaft des Gehirns, durch Training veränderbar zu sein. Neuroplastizität ist damit die Grundvoraussetzung für jede Form des Lernens. Durch Training verändern sich die Verbindungen zwischen Nervenzellen im Gehirn, indem sie stärker oder schwächer werden.

GAMECHANGER NEUROPLASTIZITÄT

Die Erkenntnisse über die Neuroplastizität des Gehirns sind ein wahrer Gamechanger. Halten wir uns im alltäglichen Training und Umgang mit dem Pferd vor Augen, dass das Pferdegehirn ein unschlagbarer Profi in Sachen Lernen ist, können wir viel gemeinsam mit unserem Pferd erreichen. Altbekannte Mythen wie „Der ist schon zu alt, der lernt das nie mehr!" oder „Der hat das immer schon so gemacht – das lässt sich nicht ändern!" können damit getrost aus unserem Gedächtnis gelöscht werden. Denn die Neuroplastizität des Pferdegehirns sorgt dafür, dass es sich ein Leben lang trainieren lässt und verändern kann: Mit gezieltem Lerntraining können wir daher nicht nur die Intelligenz von Pferden fördern, sondern im Rahmen von Bewegungslernen auch Koordination und Wahrnehmung verbessern: Genauso wie wir Muskeln trainieren können, können wir eben auch das Gehirn trainieren. Also lass uns gemeinsam auf diese spannende Reise gehen!

Das Wissen um die Neuroplastizität ist ein Gamechanger im Pferdetraining!

WUNDERWAFFE SENSOMOTORISCHES TRAINING

BEWEGUNG FÜR CLEVERE PFERDEKÖPFE!

Körperliche Aktivität, insbesondere solche, die eine gute Koordination trainiert, hält auch das Gehirn fit!

Bewegung macht schlau!

Sprechen wir von Gehirnjogging, denken die meisten von uns wohl zuerst an kniffelige Rätsel, komplizierte Denkspiele oder schwierige Quiz. All das ist Denksport – aber: Auch Bewegung macht schlau! Denn körperliche Aktivität und motorische Leistungsfähigkeit halten nicht nur den Körper, sondern auch das Gehirn fit.

SENSORIK UND MOTORIK ALS GRUNDBAUSTEINE

Durch Bewegungstraining wird der Informationsaustausch zwischen den Nervenzellen durch die Bildung neuer Synapsen gefördert. Das wiederum steigert Aufmerksamkeit und Konzentration – beides beste Voraussetzungen, damit das Lernen und der Weg zum Pferde-Abitur leichter fallen. Damit sind wir beim Thema „sensomotorisches Pferdetraining". Der Begriff „Sensomotorik" setzt sich aus zwei Wortteilen zusammen: „Sensorik" und „Motorik". Sensorik beschreibt die Aufnahme von Reizen und deren Weitergabe an das Zentralnervensystem im Gehirn und Rückenmark. Motorik hingegen steht für die Ansteuerung und entsprechende Bewegung der Muskulatur.
Unter „sensomotorischem Training" oder „Sensomotoriktraining" versteht

Motorische Leistungsfähigkeit ist ebenfalls Denksport und hält nicht nur die grauen Zellen, sondern auch die Muskulatur fit!

man ein Training zur Verbesserung der Koordination und Bewegungsabläufe. Das Zusammenspiel von Gehirn, Nervensystem und Muskeln soll verbessert werden. Hierbei geht es vor allem um die Geschwindigkeit von Reizaufnahme, Reizverarbeitung und muskulärer Reaktion. Beim sensomotorischen Training wird spezifisch die Koordination innerhalb eines Muskels sowie innerhalb unterschiedlicher Muskeln verbessert. „Koordination"

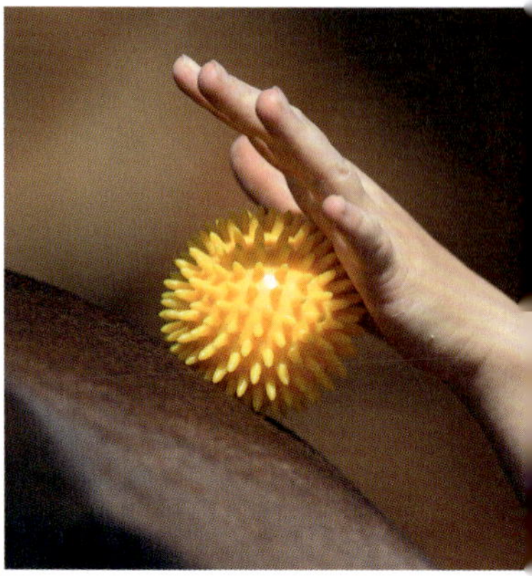

1

beschreibt dabei die Fähigkeit, sowohl vorhersehbare als auch unvorhersehbare Situationen motorisch zu regulieren und zu beherrschen. Koordination ist die Grundlage für die Funktionsweise des sensomotorischen Systems. Ein wichtiger Bestandteil des sensomotorischen Pferdetrainings ist das ausgeglichene Training der Sinneszellen aller drei Basissinne des Pferdes. Die drei Basissinne umfassen

- das taktile System (Tastsinn),
- das vestibuläre System (Gleichgewichtssinn) und
- das propriozeptive System (Stellungs-, Bewegungs- und Kraftsinn).

Das taktile System, das propriozeptive System und das vestibuläre System sorgen in ihrem Zusammenspiel dafür, dass ein Pferd seinen Körper wahrnehmen kann. Die Körperwahrnehmung bildet die Grundlage für

EXPERTENWISSEN:

Wie werden Reize aufgenommen und verarbeitet? Sinneszellen oder auch sensorische Rezeptorzellen oder vereinfacht Sensoren oder Rezeptoren reagieren je nach Spezialisierung auf einen physikalischen Reiz (Stimulus), z. B. Berührung, Druck, Dehnung, Vibration oder Temperatur. Jeder Sinneszelltyp reagiert auf eine bestimmte Reizart besonders empfindlich und auf andere Modalitäten kaum bzw. gar nicht.

Reize werden von diesen Sinneszellen aufgenommen und in elektrische Signale, sogenannte Aktionspotenziale umgewandelt. Diese werden zur Verarbeitung, Integration und Interpretation in das Zentralnervensystem (ZNS) weitergeleitet. Das ZNS leitet wiederum Befehle weiter, die an Muskeln, Geweben oder inneren Organen eine bestimmte (Re-)Aktion auslösen.

(Weitere Infos finden sich in Katzenberger: Mehr Körpergefühl für mein Pferd.)

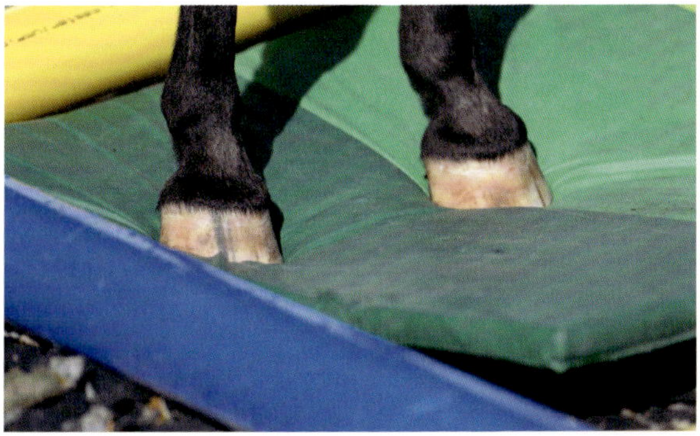

2

3

Bewegungsökonomie, Koordination und Balance. Diese Fähigkeiten sind der Grundstein, der unser Pferd zu einem zuverlässigen sowie gelassenen Freizeitpartner ausbildet:
Die Sensoren der Basissinne nehmen z. B. Reize wie Druck und Berührungen, aber auch Haltungs- und Bewegungsinformationen auf und leiten sie an das Gehirn weiter. Auch das Gleichgewichtsorgan (Vestibularorgan) im Innenohr ist von zentraler Bedeutung: Hier werden alle Arten von Kopfbewegungen registriert, erfasst und an das Gehirn weitergeleitet. Das Gehirn gibt daraufhin Befehle zur Änderung von Körperhaltungen, Gelenkstellungen, Sehnen- und Muskelspannungen. So kann das Pferd seinen Körper im Gleichgewicht halten und sich im Raum orientieren.
Die Sensomotorik ermöglicht es dem Pferd, Bewegungsabläufe an unterschiedliche Umgebungssituationen anzupassen, zum Beispiel:
– Beim Stolpern das Gleichgewicht durch gezielte Bewegungen wiederherzustellen. Das ist besonders wichtig für die Verletzungsprophylaxe.
– Sicheres Laufen auf unebenem, weichem oder instabilem Untergrund. Das sind die Voraussetzungen für einen sicheren Geländeritt.
– Die Balance zu halten – z. B. beim Springen oder im Dressurviereck.

1 Das taktile System lässt sich mit ganz einfachen Mitteln wie einem Igelball stimulieren.

2 Übungen mit instabilen Untergründen wie z. B. Matten fordern und fördern insbesondere das vestibuläre System.

3 Immer dann, wenn eine gute Koordination gefragt ist, wird vor allem das propriozeptive System gefordert.

Ein Pferd mit guten koordinativen Fähigkeiten hat ein gutes Körpergefühl. Dadurch wird es zu einem gelassenen und verlässlichen Freizeitpartner.

– MEHR KOORDINATION FÜR SCHLAUE PFERDEKÖPFE

Sensomotorisches Training beinhaltet das Training koordinativer Fähigkeiten. Dieses koordinative Training ist ein wahres Multitalent im Werkzeugkasten jedes Pferdetrainers. Aber was genau ist Koordination eigentlich? Koordination meint das harmonische Zusammenwirken von Sinnesorganen, peripherem und zentralem Nervensystem und der Skelettmuskulatur, was z. B. für einen geordneten Bewegungsablauf sorgt. (Mehr dazu in Katzenberger: Mehr Körpergefühl für mein Pferd.)

Ganz konkret wird das Erlernen neuer Bewegungsabläufe, die Verbesserung von Körperhaltungen und die schnellere Verarbeitung aufgenommener Reize trainiert, z. B:

– Die exakte Ausführung von Bewegungen und Haltungen,
– die Balancefähigkeit,
– die Aktivierung der Tiefenmuskulatur und
– die Ökonomisierung des Krafteinsatzes.

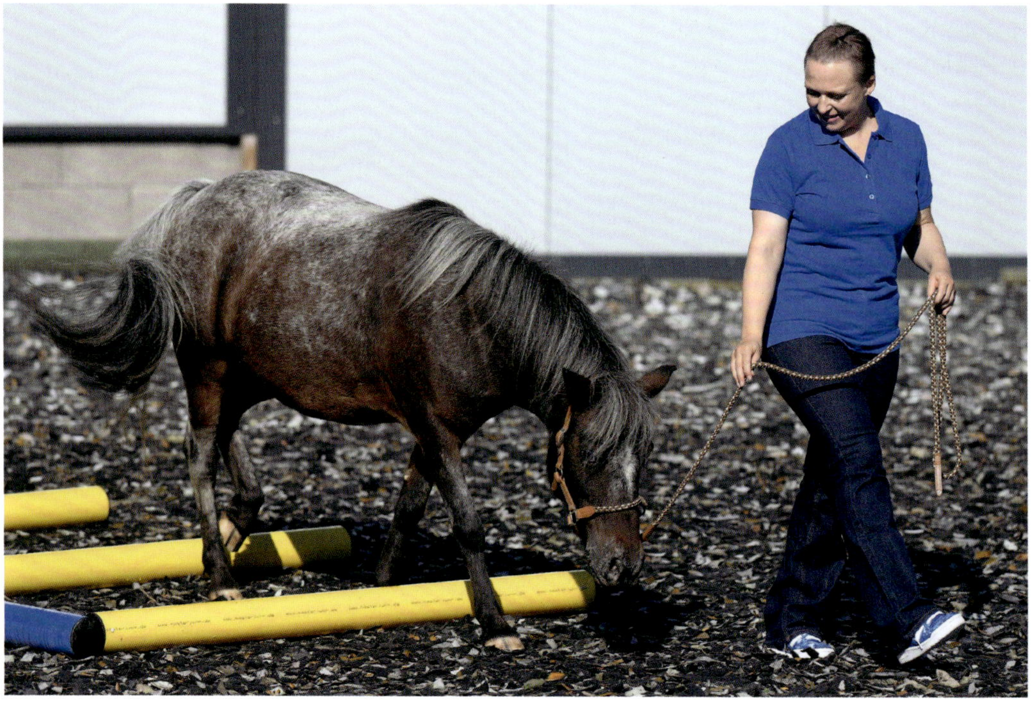

Ein Pferd, das über gute koordinative Fähigkeiten verfügt, ist also z. B. besonders trittsicher, balanciert, kann schnell auf Hilfen reagieren und zeigt harmonische Bewegungen. All das sind auch Voraussetzungen für ein entspanntes Miteinander von Pferd und Mensch.

Nicht zuletzt deshalb sollte jeder Pferdebesitzer bemüht sein, immer wieder und ganz bewusst im Training koordinative Schwerpunkte zu setzen. Das kommt nicht nur Pferdekörper und -kopf zugute, sondern eben auch der Pferd-Mensch-Beziehung: So sind trittsichere Pferde mit einer guten Körperwahrnehmung beispielsweise aufmerksamer und gelassener als Pferde, die Probleme mit der Balance haben. Machen wir uns die Grundprinzipien des sensomotorischen Pferdetrainings zunutze, trainieren wir dabei die koordinativen Fähigkeiten des Pferdes und damit seine Bewegungsintelligenz. Dies hat wiederum positiven Einfluss auf das Lernvermögen unseres Vierbeiners, denn die Übungen aus dem Sensomotoriktraining fördern die Bildung neuer Synapsen und schulen außerdem Aufmerksamkeit und Konzentration. Körperliche Aktivität und motorische Leistungsfähigkeit halten also nicht nur den Körper, sondern auch das Gehirn fit! Darüber hinaus sorgen verschiedene Übungen für abwechslungsreichen Spaß bei Mensch und Pferd.

EXPERTENWISSEN:

Koordination kann in sieben Teilfähigkeiten eingeteilt werden:

Kinästhetische Differenzierungsfähigkeit:
Fähigkeit zum Erreichen einer hohen Feinabstimmung von Teilkörperbewegungen.
Beispiel: Das Pferd überspringt ein Hindernis oder geht Lektionen der hohen Schule.

Reaktionsfähigkeit:
Fähigkeit zur schnellen Ausführung motorischer Aktionen.
Beispiel: Das Pferd reagiert prompt auf Hilfengebung.

Kopplungsfähigkeit:
Fähigkeit, einzelne Teilkörperbewegungen zweckmäßig so zusammenspielen zu lassen, dass eine Gesamtkörperbewegung entsteht.
Beispiel: Das Pferd gibt seinen Huf zur Hufbearbeitung.

Orientierungsfähigkeit:
Fähigkeit, die Bewegung und die Lage des Körpers im Raum, aber auch zeitlich gesehen in einem bestimmten Aktionsfeld zu erfassen.
Beispiel: Das Pferd durchläuft einen Parcours.

Rhythmisierungsfähigkeit:
Fähigkeit, einen Rhythmus zu erfassen, zu verinnerlichen und motorisch umzusetzen.
Beispiel: Das Pferd hält den Takt beim Leichttraben.

Umstellungsfähigkeit:
Fähigkeit zur Anpassung der Bewegung auf Veränderungen der Umwelt.
Beispiel: Führen des Pferdes durch einen Parcours – einmal von der linken, dann von der rechten Seite.

Balancefähigkeit:
Fähigkeit, den gesamten Körper im Gleichgewicht zu halten, und zwar auch unter erschwerten Umständen.
Beispiel: Ausreiten im Gelände auf verschiedenen Untergründen und Bodenbeschaffenheiten.

AUFGEPASST!

Koordinatives Training verbessert

die Synapsenaktivität und -neubildung,

biochemische Prozesse im Gehirn – z. B. die Ausschüttung von Glückshormonen (Endorphinen),

Aufmerksamkeit und Konzentration,

die Körperwahrnehmung des Pferdes,

und damit alle Fähigkeiten und Fertigkeiten, die das Miteinander von Pferd und Mensch verbessern können!

Im Praxisteil widmen wir uns daher einer bunten Mischung an Übungen mit unterschiedlichem Schwerpunkt: Egal ob Denksportaufgaben, sensomotorische Übungen oder Einheiten für mehr Abwechslung im Alltag – Gehirnjogging für Pferde ist facettenreich und sorgt für clevere Pferdeköpfe sowie eine entspannte Pferd-Mensch-Beziehung.

SCHRITT FÜHRT ZUM ERFOLG!

Sprechen wir von Bewegung im sensomotorischen Training, ist damit nicht nur ein wilder Galopp gemeint. Ganz im Gegenteil. Für die Verbesserung der koordinativen Fähigkeiten ist die Gangart Schritt entscheidend. Im Schritt zeigen sich koordinative Defizite sehr schnell und deutlich. Die Qualität der Bewegung ist entscheidend für koordinatives Training – nicht Quantität oder Tempo.
Bei den folgenden Übungen ist es daher nicht notwendig, das Pferd in möglichst schnellem Tempo zu führen. Im Gegenteil: Wir legen Wert auf eine saubere Ausführung der Übung – lieber langsam, aber dafür korrekt!

1

2

1 Gehirnjogging hat viele Gesichter! Egal ob koordinatives Training oder Denksportaufgaben – jedes Pferd-Mensch-Paar kann Übungen finden, die beiden Parteien Freude bereiten.

2 Je langsamer wir fahren, desto schwieriger wird es, die Kurve zu fahren. Übertragen auf das Pferdetraining bedeutet das: Schritt führt zum Erfolg!

ÜBUNG ZUR SELBSTERFAHRUNG

Was man am eigenen Körper spürt, versteht man besser. Deswegen gibt es nun eine Koordinationsübung für dich:

Mit Schnelligkeit versuchen Pferd und Mensch oftmals, Defizite auszugleichen. Du kennst das bestimmt selbst – falls nicht: Versuche einmal mit dem Fahrrad eine Kurve ganz langsam zu fahren. Du wirst sofort merken, wie anstrengend und schwierig das ist. Trittst du hingegen schnell in die Pedale, wird dir die Kurve ohne Weiteres gelingen.

EIN WIEHERNDES KLASSENZIMMER

STRESSFREI ZUM ERFOLG!

Ein gestresster Kopf studiert nicht gern. Deshalb ist es wichtig, dass wir für das Training gute Grundvoraussetzungen schaffen.

Grundvoraussetzungen für stressfreies Lernen

Egal ob wir mit negativer oder positiver Verstärkung arbeiten: Es gibt einige Grundvoraussetzungen, damit das Lernen Pferd und Mensch leichter fällt. Schließlich sollen die Trainingseinheiten Zwei- und Vierbeinern Freude bereiten.

EINE FRAGE DER KONZENTRATION

Um Lernfrust zu vermeiden, müssen einige Punkte unbedingt beachtet werden. Wir werfen also gemeinsam einen Blick auf ein Klassenzimmer, in dem sich alle Schüler wohlfühlen und Lernen Spaß machen kann.
Eine gute Lernumgebung macht das Lernen einfacher: So fallen die Trainingsaufgaben Pferd und Mensch leicht. Es ist besonders wichtig, in einem Rahmen zu trainieren, der es Zwei- und Vierbeiner ermöglicht, konzentriert bei der Sache zu bleiben. Schließlich erfordern die Übungsaufgaben ein hohes Maß an Aufmerksamkeit.

Die gute Nachricht dabei lautet: Die Fähigkeit zur Konzentration ist nichts, was man hat oder eben nicht hat. Ganz im Gegenteil: Konzentration kann man lernen. Das bedeutet aber auch, dass wir nicht davon ausgehen dürfen, dass jeder Mensch oder jedes Pferd ohne weiteres Zutun ein Konzentrations-Champion ist. Gerade zu Beginn ist die Konzentrationsdauer bei Zwei- und Vierbeiner begrenzt. Deshalb sollte die Trainingsdauer angepasst werden, um die Aufmerksamkeitsspanne nicht auszureizen.
Wie lange sollte eine Trainingseinheit andauern? Das hängt individuell von Pferd und Mensch ab. Eine Faustregel lautet: Spätestens sobald du erkennst,

Praxis-Tipp

1. Ein müder Kopf trainiert nicht gern: Pass die Trainingsdauer an!
2. Pausen sind notwendig, damit sich Kopf und Körper erholen können!

dass du oder dein Pferd beginnt, vermehrt Fehler zu machen, muss die Einheit beendet werden. Das Gleiche gilt, sobald du Anzeichen von Stress bei deinem Pferd erkennst: Auch hier sollte das Training unverzüglich ein Ende finden. Stress versetzt das Pferd in Alarmbereitschaft und schadet dauerhaft dem Organismus. Wird das Training trotzdem fortgesetzt, führt es nur zu frustrierenden Situationen, und Lernfrust ist absolut kontraproduktiv. Anzeichen für Stress beim Pferd können beispielsweise sein:

- Angelegte Ohren und/oder nervöses Ohrenspiel,
- gekräuselte oder aufgeblähte Nüstern,
- häufiges Schweifschlagen,
- erhöhter Muskeltonus,
- veränderte Atemfrequenz,
- Beißen, Schnappen oder Treten.

Diese Liste ist nicht abschließend. Stress kann sich bei jedem Pferd anders äußern und ist, je nach Stresslevel, nicht immer leicht zu erkennen. Steigt ein Pferd und tritt aus, ist sicherlich jedem bewusst, dass hier etwas schiefläuft. Pferde sind jedoch so individuell wie wir Menschen. Manche Pferde zeigen Stress eher „stumm" – z. B. durch eine veränderte Mimik. Als Pferdebesitzer ist man in der Verantwortung, sein Pferd so gut zu kennen, dass man entsprechende Veränderungen im Verhalten oder am Körper des Pferdes richtig interpretiert und schnell reagiert. Hier gilt es, das eigene Auge zu schulen, damit auch kleinste Reaktionen am Pferd wahrgenommen werden können. Am besten ist es natürlich, wenn erst gar kein Stress entsteht. Der altbewährte Spruch „Aufhören, wenn es am schönsten ist" sollte daher viel mehr Beachtung im Training finden. Pausen sind ohnehin immer eine gute Idee – nicht nur für das Pferd. Auch der Mensch hat in Pausen die Möglichkeit, neue Konzentration zu schöpfen und das eigene Verhalten zu reflektieren:
Was hat in der Trainingseinheit gut und was hat weniger gut funktioniert?
Zeigte mein Pferd Stressanzeichen oder war es motiviert bei der Sache?
Gibt es Punkte, die ich verändern möchte, oder bin ich auf einem guten Trainingsweg?

1

1 Gestresste Pferde machen im Training Fehler – eine Situation, die es möglichst zu vermeiden gilt.

2 Entspannte Pferde lernen am besten. Daher solltest du im Training so gut wie möglich darauf achten, Stresssituationen zu vermeiden.

Antworten auf diese Fragen finden sich vorzugsweise in einer ruhigen Minute und nicht während der Trainingseinheit am Pferd. So bleibt Raum, sich völlig auf die Nachschau der Einheit zu fokussieren – ohne Ablenkung.
Oft können Pferdebesitzer zu Beginn nur sehr schwer abschätzen, wir lange effektiv und konzentriert trainiert werden kann. Als bewährter Anhaltspunkt gilt: Dreimal drei Wiederholungen der jeweiligen Übung reichen aus! Das bedeutet: Nach jeweils drei Ausführungen wird eine kurze Denkpause eingelegt. In dieser Pause kann das Pferd z. B. ganze Bahn locker geführt werden. Danach wird die Übung wiederum dreimal wiederholt, bevor erneut eine kleine Pause etabliert wird und in die letzte Trainingsrunde gestartet wird. Zeigt das Pferd aber natürlich vorher Ermüdungs- oder Stressanzeichen, wird die Einheit unverzüglich beendet! Wichtig ist, genau auf Ermüdungszeichen bei Pferd und Mensch zu achten.

2

1

Tipp

Mach es dir und deinem Pferd so einfach wie möglich!

GEWOHNHEITSTIERE

Es macht für Pferd und Mensch einen großen Unterschied, in welcher Umgebung trainiert wird. Im eigenen Stall, auf dem altbekannten Reitplatz trainiert es sich am besten. Pferd und Mensch wissen, wo sich alles befindet, und müssen die Umgebung nicht auf unbekannte Gefahrenquellen abscannen. In unbekannter Umgebung sieht die Sache ganz anders aus: Alles ist neu und ungewohnt. Neben der Konzentration auf die eigentliche Übungsaufgabe müssen Mensch und Pferd alle neuen Eindrücke verarbeiten und sortieren. Wird in fremder Umgebung trainiert, solltest du daher darauf achten, die Ansprüche an dich und dein Pferd nicht zu hoch zu stellen, schließlich findet hier eine gewisse Ablenkung statt. Dasselbe gilt, wenn in altbekanntem Terrain gerade etwas außer der Reihe passiert: z. B. Baustellen, große Fahrzeuge etc. Training soll so einfach wie möglich sein, denn dann ist die Fehlerquote am geringsten und der Lernspaß am größten!

Die Einheiten zum Gehirnjogging startest du vorzugsweise an einem Ort und zu einer Zeit, die möglichst wenig Ablenkungen bereithalten. Soll etwas Neues gelernt werden, ist es sinnvoll, eine ruhige Minute im Stall zu nutzen: Vermeide z. B. unbedingt die „Rush-hour", in der viele Pferde in der Reithalle oder auf dem Reitplatz sind.

1 Pferd und Mensch fühlen sich in gewohnter Umgebung am wohlsten. Das erleichtert das Lernen ungemein.

2 Eine flotte Schrittrunde eignet sich zum Beispiel für ältere Pferde wunderbar als Warm-Up.

2

WARM-UP FÜR KOPF UND KÖRPER

Egal ob Denksportaufgabe oder Koordinations-Übung: Beginne deine Einheit immer mit einem Warm-up! Ein Warm-up sorgt zum einen dafür, dass du dich selbst, aber auch dein Pferd, mental auf die Aufgabe einstellen kannst/kann. Das ist gerade für „heißblütige" Pferde wichtig: So bekommen sie die Gelegenheit, etwas Power abzuarbeiten, bevor es konzentriert an die Gehirnjogging-Aufgabe geht. Zum anderen wird die Muskulatur aufgewärmt und das Herz-Kreislaufsystem aktiviert. Insbesondere für das koordinative Training ist diese Aktivierung sinnvoll und notwendig: Muskeln, Sehnen und Bänder werden vorbereitet, um Zerrungen, Muskelfaserrisse und andere Verletzungen zu vermeiden. Für die Gelenke als Verbindungsstelle zwischen zwei Knochen bedeutet ein Warm-up ebenfalls Schutz: Die gelartige und stoßdämpfende Gelenkflüssigkeit wird bei wechselnder Be- und Entlastung des Gelenks gebildet. Sie „schmiert" das Gelenk und sorgt für die Ernährung des Gelenkknorpels. Zudem kommt der Stoffwechsel in Schwung, die Muskultur wird besser durchblutet und mit Sauerstoff versorgt.
Wie lange das Warm-Up dauert, hängt von den äußeren Umständen ab: Hat das Pferd gerade einen besonders großen Bewegungsdrang und soll danach eine kniffelige Rätselaufgabe trainiert werden? Ist das Pferd schon älter bzw. vorerkrankt und hat aufgrund seiner Haltungsform wenig Möglichkeit, sich zu bewegen? Sind die Temperaturen eisig kalt? All das sind Beispiele, in denen die Aufwärmphase länger dauern sollte als im Sommer bei einem jungen, gesunden Pferd, das auf einem Paddock-Trail lebt.
Beim Warm-up geht es allein darum, dass Pferdekörper und -kopf in Schwung kommen und auf das folgende Training vorbereitet werden. Daher darf das Pferd am lockeren Strick in seinem individuellen Wohlfühltempo ca. 10 – 15 Minuten im Schritt laufen. Diese Schrittrunde darf je nach deinen Vorlieben auf dem Reitplatz oder als Spaziergang im Gelände absolviert werden. Egal für welche Variante du dich entscheidest: Achte darauf, dass euer Warmführen stressfrei funktioniert, denn ein gestresster Kopf lernt nicht gern!

LERNUTENSILIEN

Sicherheit geht immer vor. Deswegen darf nur Equipment verwendet werden, das pferdegerecht ist. Pferdegerecht bedeutet in diesem Zusammenhang in erster Linie: Alle Tools müssen sicher sein! Hier ist besonders auf Stabilität und Splittersicherheit zu achten, gerade dann, wenn das Pferd über etwas steigen oder laufen soll – z. B. Stangen oder Matten.

VERHALTEN VERÄNDERN DURCH KONSEQUENZEN

Wir wissen bereits, dass das Pferdegehirn ein wahrer Lernprofi ist. Aber wie funktioniert der Vorgang „Lernen" eigentlich? Lernen wird von vielen Faktoren beeinflusst: Emotionen, Beobachtungen und Assoziationen spielen eine große Rolle. Wir beschäftigen uns im Folgenden mit dem Lernen durch Konsequenzen, indem wir die sogenannten behavioristischen Lernmodelle zugrunde legen. Denn diese Art des Lernens können wir im Training unmittelbar beeinflussen.
Auf den Punkt gebracht geht es in jedem Training um Folgendes: Wir wollen die Auftretenshäufigkeit von bestimmten Verhaltensweisen des Pferdes verändern. Das hört sich nun reichlich theoretisch an. Im Grunde ist es aber ganz einfach, wenn wir an viele Alltagssituationen denken:

Das Pferd soll

– auf eine bestimmte Hilfe beim Reiten auf eine bestimmte Art und Weise reagieren – z. B. beim Schenkelweichen.
– immer stehen bleiben, wenn wir ein bestimmtes Signal geben – z. B. einen kleinen Ruck am Halfter.

Sicherheit ist im Training oberstes Gebot – das gilt auch für Equipment. Alle Tools müssen unbedingt splittersicher sein.

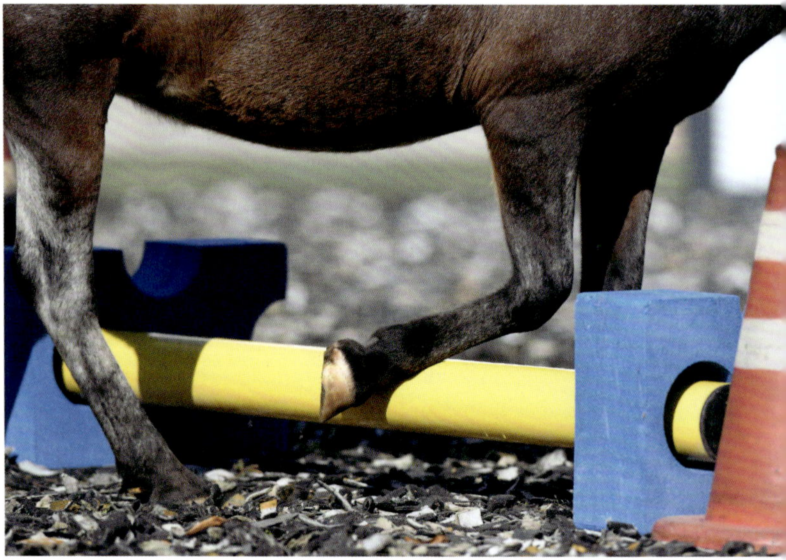

– stets den Huf geben, wenn wir sein Bein auf eine bestimmte Art berühren.
Diese Liste ließe sich noch unendlich weiterführen. Gemeinsam ist allen Beispielen, dass es sich um Situationen handelt, in denen wir als Mensch ein bestimmtes Signal oder Kommando geben (z. B. Zügel- oder Schenkelhilfe, eine Berührung an einer Körperstelle, eine Geste oder ein verbales Kommando) und von unserem Pferd erwarten, dass es entsprechend unseres Wunsches reagiert. Und diese Reaktion soll stets zuverlässig erfolgen: Wenn wir 100-mal den Kronrand des Hufes antippen, soll das Pferd auch 100-mal den Huf heben. Genau darum geht es bei der behavioristischen Lerntheorie.

Lerntheorie

Die behavioristische Lerntheorie nach dem Psychologen Burrhus Frederic Skinner geht davon aus, dass Lernen eine beobachtbare Verhaltensänderung darstellt, die als Reaktion auf Umweltreize erfolgt.

1 Soll das Pferd hier den Huf geben oder versteht es die Zeichen als Aufforderung zum Knien?

2 Was das Pferd gelernt hat, sehen wir erst, wenn es das Verhalten ausführt.

Futter ist für Pferde zweifelsfrei etwas Positives und wirkt als großer Motivator.

Diese Definition klingt komplizierter als sie ist: Kurz gesagt geht es darum, ein Verhalten unseres Pferdes zuverlässig zu verändern. Wir nehmen also Einfluss auf die Auftrittshäufigkeit einer Verhaltensweise. Dieses Lernverhalten wird auch als operante Konditionierung bezeichnet:
Pferde sind in der Lage zu erlernen, wie sie durch bestimmtes Verhalten – also Tun oder Unterlassen – ihre Umwelt direkt beeinflussen können. Dadurch zeigen sie ein bestimmtes Verhalten öfter oder seltener. Skinner spricht in diesem Zusammenhang von Verstärkern. Verstärker bewirken, dass ein Verhalten häufiger auftritt. Strafe hingegen sorgt dafür, dass ein Verhalten weniger oft auftritt, also abgeschwächt wird.

KONDITIONIERUNG

Nach der sogenannten operanten Konditionierung wird (beobachtbares) Verhalten als Ergebnis von verstärkenden und abschwächenden Faktoren verstanden. Auf eine gezeigte Verhaltensweise erfolgt also eine Verstärkung, wobei Verstärkung eine bestimmte Konsequenz, die über die Wiederholung des gezeigten Verhaltens entscheidet, meint.

→ Positiv =
PLUS, d. h. etwas hinzufügen (+)

→ Negativ =
MINUS, d. h. etwas wegnehmen (-)

Welche Konsequenzen können wir nun im Pferdetraining nutzen, um die Erkenntnisse der operanten Konditionierung umzusetzen? Grundsätzlich gibt es zwei mögliche Konsequenzen: Belohnung und Strafe.

VOM PLUS UND MINUS IM TRAINING

Wir können Belohnung und Strafe im Training einsetzen, um das Verhalten des Pferdes zu ändern. Dabei gibt es jeweils zwei Formen von Belohnung und zwei Arten der Strafe. Wir unterscheiden zwischen positiver Verstärkung, negativer Verstärkung, positiver Strafe und negativer Strafe. Achtung! Bei diesen Begrifflichkeiten ist Vorsicht geboten, verleiten sie doch zu Fehlinterpretationen, die es tunlichst zu vermeiden gilt: Die Begriffe „positiv" und „negativ" sind nicht als Wertung zu verstehen. „Positiv" heißt also nicht „gut" und „negativ" heißt nicht „schlecht". Vielmehr sind „positiv" und „negativ" in diesem Zusammenhang mathematische Größen, d. h. „positiv" meint „PLUS = etwas hinzufügen" und „negativ" heißt „MINUS = etwas wegnehmen".

Konkret bedeutet das für dich, dass du auf ein Verhalten deines Pferdes in verschiedener Weise reagieren kannst: Du kann etwas hinzufügen (+ /positiv) oder etwas entfernen (– / negativ). Dieses Etwas kann für das Pferd angenehm (z. B. Leckerli) oder unangenehm (z. B. Peitschenschlag) sein.

Durch deine Reaktion kannst du die Auftretenswahrscheinlichkeit eines Verhaltens deines Pferdes verändern, d. h. die Wahrscheinlichkeit erhöhen, dass dein Pferd eine Handlung wiederholt oder eben nicht wiederholt. Als Folge von diesem Hinzufügen wird das Pferd das Verhalten in Zukunft entweder häufiger (Verstärkung) oder seltener (Strafe) zeigen. Fügst du etwas Angenehmes – also etwas, das dein Pferd haben will (z. B. Futter) – hinzu, steigt die Wahrscheinlichkeit, dass dein Pferd dieses Verhalten wieder zeigt. Denn schließlich hat sich das gezeigte Verhalten für dein Pferd gelohnt. Ganz ähnlich stellt sich die Situation dar, wenn du etwas wegnimmst: Nimmst du auf eine Handlung deines Pferdes etwas weg, das für dein Pferd unangenehm ist (z. B. Zug am Halfter), wird es diese Handlung öfter zeigen, denn auch hier hat sich die Handlung für das Pferd gelohnt. „Unangenehm" meint dabei etwas, das dein Pferd vermeiden will – z. B. ein Peitschenschlag oder lautes Anschreien. Letztlich geht es hier um Training mit „pressure and release", also das Aufbauen und Nachlassen von Druck. Hier sei explizit darauf hingewiesen, dass „pressure", also „Druck", nicht in dem Sinne zu verstehen ist, dass Pferdebesitzer, die mit pressure and release arbeiten, ihr Pferd „vermöbeln". Auch Druck kann so fein sein, dass das Pferd nicht psychisch oder physisch leidet. Nach den Grundsätzen der operanten Konditionierung gibt es demnach vier mögliche Konsequenzen für ein Pferd. Diese Konsequenzen lassen sich in den sogenannten Lernquadranten darstellen.

Ein bekanntes Beispiel für eine Trainingsmethode, die mit positiver Verstärkung arbeitet, ist das Clickertraining. Ein prominentes Beispiel für eine Trainingsmethode mit negativer Verstärkung ist Natural Horsemanship.
Die Auftretenswahrscheinlichkeit eines Verhaltens kann sowohl mit positiver als auch negativer Verstärkung zuverlässig erhöht oder gesenkt werden, d. h. (um bei den genannten Beispielen zu bleiben) sowohl Clickertraining als auch Natural Horsemanship funktionieren zuverlässig. Beide Methoden können dafür sorgen, dass ein Pferd ein gewünschtes Verhalten öfter und ein unerwünschtes Verhalten seltener zeigt.
Sowohl das Training mit positiver als auch negativer Verstärkung funktioniert einwandfrei – wenn der Trainer die jeweilige Methode beherrscht. Hat der Mensch aber z. B. ein schlechtes Timing, wird er weder mit Clickertraining noch mit Natural Horsemanship gute Ergebnisse erzielen. Welche Trainingsmethode die richtige für dich ist, hängt von mehreren Faktoren ab:

- Mit was kommst du am besten zurecht?
- Mit welcher Methode fühlt sich dein Pferd wohler?
- Was genau willst du trainieren?

Nicht jedes Trainingsziel lässt sich mit jeder Trainingsmethode gleich gut umsetzen: Denken wir z. B. an das Reiten, werden nur sehr erfahrene Trainer mit ausschließlich positiver Verstärkung

	POSITIV (+): **Es wird etwas hinzugefügt.**	**NEGATIV (-):** **Es wird etwas weggenommen.**
Das Verhalten wird häufiger gezeigt.	Es wird etwas Angenehmes hinzugefügt (z. B. Leckerli). → Positive Verstärkung	Es wird etwas Unangenehmes weggenommen (z. B. Zug am Halfter). → Negative Verstärkung
Das Verhalten wird seltener gezeigt.	Es wird etwas Unangenehmes hinzugefügt (z. B. Peitschenschlag). → Positive Strafe	Es wird etwas Angenehmes weggenommen (z. B. Leckerli). → Negative Strafe

Egal ob Clickertraining oder Natural Horsemanship:
Richtig angewandt funktionieren beide Trainingsmethoden einwandfrei.

zu einem schönen Ergebnis kommen. Geht es hingegen um „Tricktraining" – wie z. B. die Farbunterscheidung –, wird das Clickertraining erfolgreich sein.

Die gute Nachricht lautet: Pferde sind von Natur aus clevere Tiere. Sie verstehen sehr wohl, in welcher Situation der Pferdebesitzer was abrufen möchte. Am besten signalisierst du dem Pferd gleich zu Beginn der Einheit deutlich, um was es jetzt gehen soll: Willst du eine „Denksport-Aufgabe" clickern, dann trage deutlich sichtbar die Clickertasche und verwende z. B. ein bestimmtes Halfter. Willst du hingegen Koordinations- oder Führübungen ohne Futterbelohnung trainieren, lass die Leckerlitasche in der Sattelkammer. Dein Pferd merkt schnell, was es bedeutet, wenn du die Leckerlitasche trägst – oder eben nicht. Mach dir selbst also nicht zu viel Druck, indem du dich darauf versteifst, „ausschließlich" auf die eine oder andere Weise zu trainieren. Das ist nämlich gar nicht nötig.

DENKSPORT MIT CLICK!

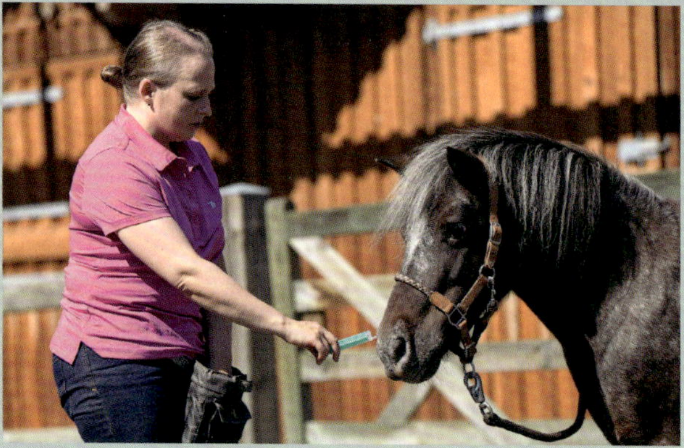

DENKSPORT MACHT SPASS!

Kniffelige Aufgaben mithilfe des Clickers zu lösen, kann eine große Bereicherung für das Training sein.

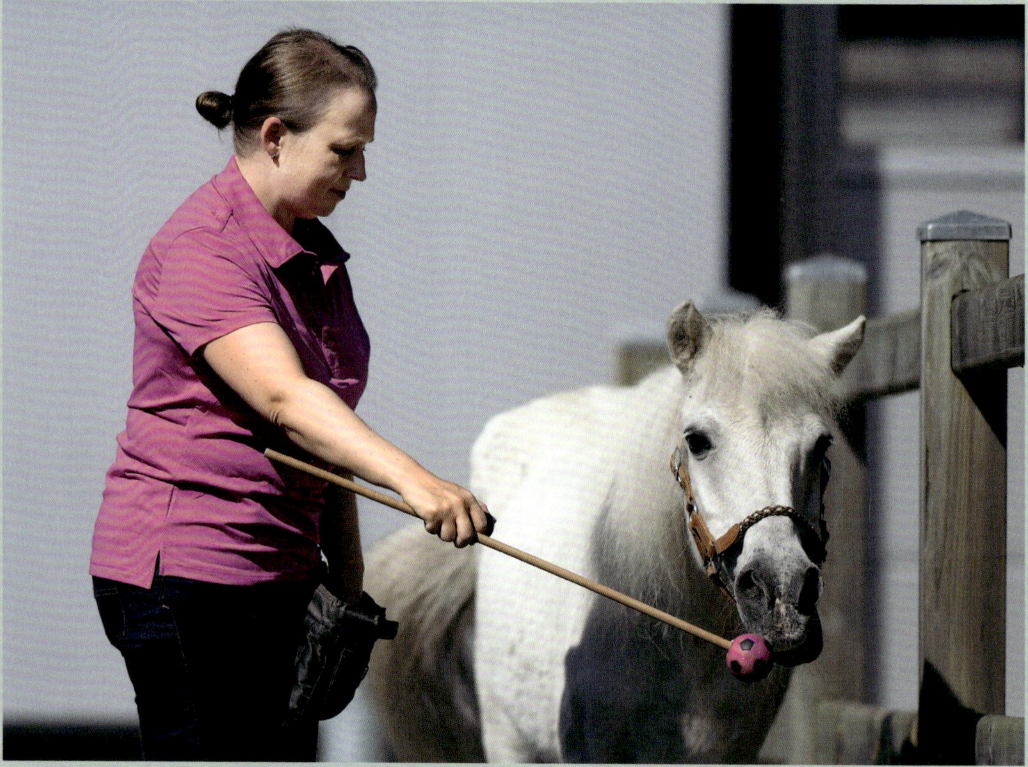

Mit dem Click zum Pferde-Abitur

Kniffelige Denksport-Aufgaben lassen sich am besten mit dem Clicker trainieren. Während das Training mit negativer Verstärkung wohl den meisten geläufig sein wird, sieht es beim Clickertraining anders aus. Oft eilt dem Training mit Click ein schlechter Ruf voraus – und das völlig zu Unrecht.

BESSER ALS SEIN RUF: DER CLICK!

Clickertraining funktioniert einwandfrei, wenn und solange der Mensch die wichtigsten Grundsätze beachtet und umsetzt. Dann wird gewährleistet, dass aus dem cleveren Clicker-Pony kein aufdringliches Leckerli-Monster wird.

Viele Pferdebesitzer haben Vorbehalte gegen das Clickertraining, weil das Pferd im Training gefüttert wird. Zum einen sind die Sorgen groß, weil viele Pferde ohnehin schon zur Kategorie „Moppel-Pony" gehören. Kein Pferd sollte übergewichtig sein – das Clickertraining von Gehirnjogging-Aufgaben wird aber sicher nicht der entscheidende Faktor über die Konfektionsgröße des Vierbeiners sein. Schließlich gibt es mittlerweile sogar spezielle Clicker-Leckerli, die ganz ohne Zuckerzusatz auskommen. Ideale Clicker-Leckerli sind klein und können sich mit ca. 3 cm Länge und ca. 6 mm Durchmesser sehen lassen. Zudem bestehen sie zu 90 % aus Heu und 10% Leinkuchenschrot. Futterbelohnung muss also keine Zuckerbombe sein! Außerdem kann die Leckerli-Portion von der täglichen Heu- und/oder Kraftfuttergabe abgezogen werden. Ein übergewichtiges Pferd wird unter diesen Voraussetzungen sicher nicht (noch) dicker. Du musst also keine Sorge um die Figur deines Pferdes haben.

Zum anderen führen viele Trainer an, das Füttern aus der Hand würde zwangsläufig zu aufdringlichen, unerzogenen und schnappenden Leckerli-Monstern führen. Auch das ist so nicht richtig. Entgegen landläufiger Meinung gibt es beim Clickertraining strenge Regeln. Es ist keineswegs so, dass sich das Pferd ungefragt an der Leckerlitasche bedienen darf und ohnehin nur das tut, worauf es gerade Lust hat. Schließlich steht dem Menschen noch immer ein – in den meisten Fällen – wesentlich größeres und kräftigeres Tier gegenüber. Werden die Trainingsregeln vom Menschen beachtet, muss man keine Angst vor vierbeinigen Rotzlöffeln haben. Führt Clickertraining zu wild gewordenen Leckerli-Suchern, hat das rein gar nichts mit dem Konzept des Trainings zu tun – sondern allein mit dem Menschen. Werden hingegen die Grundregeln vom Menschen beachtet und umgesetzt, sind Clicker-Pferde wohlerzogene und höfliche Lernpartner!

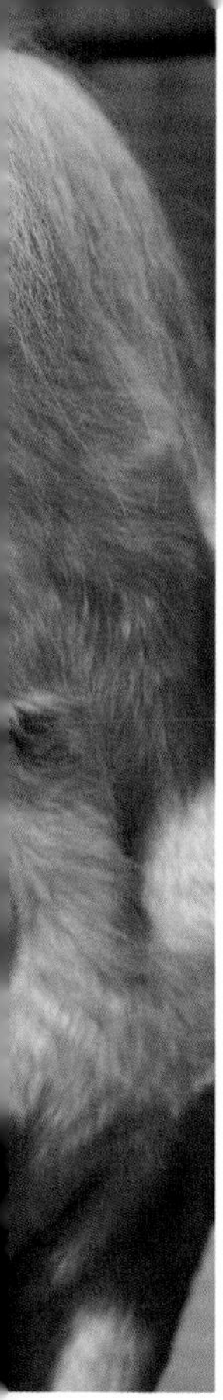

Richtig angewandt ist Clickertraining eine stressfreie Bereicherung für Pferd und Mensch.

BEISPIEL

Anna will ihre Haflingerstute Bella mit Hagebutten belohnen. Schließlich sind die kleinen, roten Vitamin-C-Bomben nicht nur gesund, sondern auch kalorienarm – perfekt für das ohnehin schon moppelige Pony, das zudem noch zu Hufrehe neigt. Allerdings hat Anna die Rechnung ohne Bella gemacht: Bella spuckt die Hagebutten sofort wieder aus und lässt sich nicht von ihrer Schmackhaftigkeit überzeugen. Das Füttern der Hagebutten wirkt hier nicht verstärkend – weil Stute Bella sie nicht essen will. Hagebutten sind für Bella keinerlei Anreiz.

Anders ist die Situation bei Tim. Seine Stute Conny liebt Hagebutten. Er trainiert regelmäßig mit den getrockneten, roten Früchtchen. Conny frisst sie liebend gerne. In der aktuellen Trainingseinheit ist Conny aber sehr gestresst: Neben dem Reitplatz wird gerade laut lärmend eine Baugrube ausgebaggert. In dieser Stresssituation will Conny keine Hagebutten (und auch nichts anderes) fressen. Hagebutten wirken für Conny grundsätzlich verstärkend – in dieser konkreten Stresssituation aber nicht.

WAS IST EIN VERSTÄRKER?

Im Kapitel „Verhalten verändern durch Konsequenzen" haben wir bereits erfahren, dass Skinner von sogenannten Verstärkern (siehe S. 36 ff.) spricht. Aber was ist ein Verstärker überhaupt oder, anders ausgedrückt, was ist das „Angenehme", das wir im Clickertraining hinzufügen?

Ein (primärer) Verstärker ist ganz grundsätzlich etwas, das dein Pferd haben will. Beim Verstärker handelt es sich also um das „Angenehme" bzw. die Belohnung, die im Training hinzugefügt wird. Zu beachten gilt dabei: Eine Sache kann nur dann verstärkend wirken, wenn dein Pferd dieses Etwas tatsächlich haben möchte. Das bedeutet aber auch, dass der Verstärker von Pferd zu Pferd sowie von Situation zu Situation unterschiedlich sein kann. Es gibt daher keinen absoluten Verstärker: Das Pferd entscheidet über den Verstärker.

Jedes Pferd entscheidet individuell nach seinen Vorlieben und in der

Merke

Das Pferd entscheidet über den Verstärker. Es gibt keinen absoluten Verstärker.

jeweiligen Situation, was verstärkend wirkt. Trainierst du mit mehreren Pferden, kann das bedeuten, dass für jedes Pferd ein anderes Futtermittel verstärkend wirkt. Aber keine Sorge: Mit (gesunden) Clicker-Leckerli ist man so gut wie bei jedem Pferd auf der richtigen Seite! Erfahrungsgemäß lassen sich nämlich die allermeisten Pferde durch Futter motivieren. Sogar bei sehr wählerischen Pferden findet sich immer eine Leckerei, die besonders gerne gefressen wird.

Natürlich gibt es noch andere Dinge, die verstärkend wirken können. Zur Erinnerung: Ein Verstärker ist all das, was das Pferd haben will. Denken wir z. B. an die Fellwechselzeit, kann auch ein Kratzen an der Schweifrübe ver-

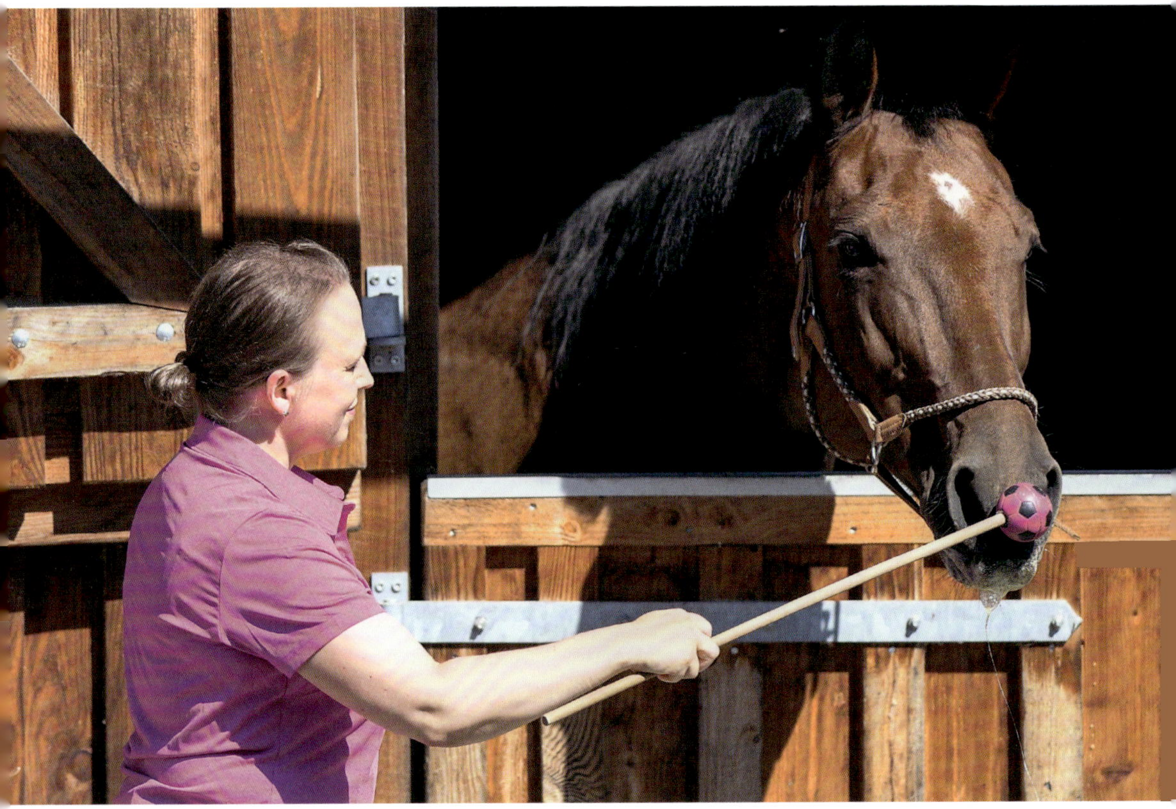

„Clicker-Pferde" müssen weder dick noch unhöflich sein – ganz im Gegenteil!

stärkend wirken. Der Nachteil gegenüber Futterlob wiegt jedoch schwer: Um tatsächlich verstärkend zu wirken, wird ein einmaliges, kurzes Kratzen für das Pferd nicht ausreichen. Eine ausgiebige Fellpflege unterbricht aber den Trainingsablauf immens. Im direkten Vergleich gewinnt hier das Futter den Praxistest: Leckerli können unmittelbar, schnell und ohne großen Zeitaufwand angeboten werden. Futter wirkt hochverstärkend. Bleibt die Frage: Wie viele Leckerli sollen gefüttert werden? Abgesehen von der schon besprochenen, gesundheitsrelevanten Figurproblematik spielen hier noch andere Faktoren eine Rolle: Einerseits ist es sinnvoll, dass dein Pferd die Belohnung zügig essen kann. Nur so können wir in kurzer Zeit tatsächlich effektiv trainieren. Darf das Pferd nach jedem Click eine ganze Karotte fressen, kaut es sehr lange. Zudem wird auch das verfressenste Pferd schnell satt sein. Andererseits muss die Futterportion so groß sein, dass sie vom Pferd noch als belohnend empfunden wird. Denken wir an ein Shire Horse, wird es wohl ein Leckerli, dass nur halb so groß ist wie der Nagel eines kleinen Fingers, als sprichwörtlichen „schlechten Witz“ verstehen. Ist die Portion zu klein, wird das Pferd sehr genau abwägen, ob sich der Aufwand, etwas dafür zu tun, lohnt. Daher lautet die Devise: „So klein wie möglich, so groß wie nötig!“

PRAXISTIPP

Kennt dein Pferd das Training mit Futter noch nicht, ist es sehr ratsam, sich an folgende Leitsätze zu halten:

1. Arbeite mit Futter, das dein Pferd zwar gerne haben möchte, aber nicht mit dem „Lieblings-Party-Futter“. Ist es dein Pferd nicht gewohnt, Futter aus der Hand zu bekommen, kann es zu Beginn eventuell etwas aufdringlich werden, wenn die Leckerli allzu verlockend sind. Auch hier hilft ein Blick auf das eigene Verhalten: Stell dir vor, du magst Schokolade. Zartbitter ist okay, aber Vollmilchschokolade ist deine absolute, ungeschlagene Lieblingssorte. Sobald du eine Tafel Vollmilchschokolade siehst, kannst du nicht widerstehen und dein „Party-Alarm“ im Gehirn geht los. Wird dir eine Tafel Zartbitterschokolade angeboten, sagst du bestimmt ja – die Tafel wird von dir aber sicherlich langsamer und kontrollierter verputzt als die heißersehnte Vollmilchtafel.

2. Trainiere nicht, wenn dein Pferd hungrig ist! Das gilt für alle Trainingsmethoden – im Clickertraining aber ganz besonders. Ein hungriges Pferd wird sich viel schlechter an die Trainingsregeln halten, denn es will sein Futter unbedingt und jetzt. Mach es dir also nicht schwerer als notwendig und starte das Training erst, sobald dein Pferd eine ordentliche Portion Heu gefressen hat.

Einerseits sollte die Futtermenge pro Click so klein wie möglich sein, schließlich soll sich das Pferd nicht sattessen. Andererseits darf das Pferd das Interesse nicht verlieren, d. h. die Futtermenge muss so groß sein, dass es motiviert bei der Sache bleibt. Wie die Portionsgröße nun genau auszusehen hat, entscheidet jedes

Pferd-Mensch-Paar individuell. Vielleicht musst du zu Beginn des Trainings ein wenig experimentieren: Starte mit der kleinstmöglichen Portion und erhöhe die Menge, sobald du merkst, dass dein Pferd das Interesse verliert. Generell ratsam ist es, mit Heucobs zu arbeiten, die trocken verfüttert werden dürfen – oder mit den bereits erwähnten, speziellen Clicker-Leckerli, die ebenfalls (fast) ausschließlich aus Heu bestehen. Der Anreiz, für diese Art der Belohnung zu arbeiten, ist für die allermeisten Pferde groß genug, aber eben nicht zu groß, um den „Party-Alarm" anzuläuten.

DER CLICK – DEM PFERD ERKLÄRT!

Dein Pferd muss im Training verstehen, welches konkrete Verhalten genau das richtige Verhalten war. Dieses Verständnis kannst du schaffen, indem ihr eine gemeinsame Sprache etabliert, die jeder Gesprächspartner unmissverständlich begreift.
Um im Training praktikabel zu sein, muss diese Sprache einige Voraussetzungen erfüllen. Das Vokabular

– soll motivierend sein, indem du ganz deutlich „JA! Genau das war richtig" sagen kannst,
– muss unkompliziert sein,
– muss deutlich sein,
– muss die Eigenschaft besitzen, ein sehr schnelles Feedback geben zu können.

Wird mit Futter als Verstärker gearbeitet, gibt es zunächst ein ganz praktisches Problem: Es ist eigentlich absolut unmöglich, dem Pferd das Futter in genau dem Moment zu präsentieren, in dem es das Verhalten zeigt, welches verstärkt werden soll.

BEISPIEL

Shetlandpony Lilly soll den Kopf ganz gerade halten, die Nüstern auf Buggelenkshöhe.

Lilly zeigt dieses Verhalten. Ich greife in die Tasche, nehme Futter in meine Hand, ziehe die Hand aus der Tasche, strecke den Arm aus, öffne die Hand und präsentiere das Futter.

Während ich meine Hand zur Tasche bewege, in die Tasche greife, etc. ist bis zur Präsentation des Futters Folgendes passiert:

Lilly hat einen Schritt auf mich zu gemacht und ihr Maul ratzfatz in Richtung Leckerlitasche bewegt. Gerade als die Pferdeschnute nur noch 3 cm von der Leckerlitasche entfernt ist, präsentiere ich das Futter, d.h. den Verstärker.

Ich habe also nicht das gewünschte Verhalten „Gerader Kopf mit Nüstern auf Buggelenkshöhe" verstärkt, sondern ein ganz anderes Verhalten, nämlich „Streck dein Maul möglichst nah zur Leckerlitasche hin". Letzteres Verhalten hat sich für Lilly in diesem Fall gelohnt, sodass sie es öfter zeigen wird. Das gewünschte Verhalten, die schöne Kopfhaltung, hat sich hingegen nicht für sie gelohnt.

Es muss nicht gleich ein ganzer Apfel sein! Kleine Heucobs, die trocken gefüttert werden dürfen, eignen sich bestens.

Um die Vokabeln für die gemeinsame Trainingssprache zu finden, brauchen wir also ein schnelles Signal, das dem Pferd zum richtigen Zeitpunkt „JA! Genau das!" sagen kann. Hier kommt der Clicker ins Spiel. Der Clicker besitzt nämlich alle Eigenschaften, nach denen wir für ein sinnvolles Trainingsvokabular suchen. Sobald das Pferd das gewünschte Verhalten zeigt, kannst du den Clicker betätigen und zum korrekten Zeitpunkt das Feedback „Ja! Genau das!" geben.
Fragt sich nur noch: Wie erklären wir unserem Gesprächspartner Pferd, dass der „Click" bedeutet: „Ja! Gut gemacht! Gleich bekommst du eine Belohnung!" An sich ist der „Click" nämlich nur ein Geräusch wie jedes andere.

Wie genau soll das Endergebnis aussehen? Beim Clickertraining ist ein geschultes Auge besonders wichtig.

GUT ZU WISSEN!

Der Click ist

ein konditionierter Verstärker: das Pferd weiß „Click = Futter“

ein Markersignal: das Pferd weiß „Ja! Genau DAS!“

ein sekundärer Verstärker: Der Click ist für das Pferd belohnend, weil es eben weiß „Click = Futter“

Auch hier helfen die Lerntheorien weiter. Der Clicker fungiert als sogenannter konditionierter Verstärker. Zu Beginn hat er für unser Pferd keine Bedeutung und reiht sich in die belanglosen Geräusche der Umgebung ein. (Klassisch) Konditioniert ist der Click dann, wenn das Geräusch mit der Futterbelohnung bewusst verknüpft wird. Ist das der Fall, können wir mit dem Click das gewünschte

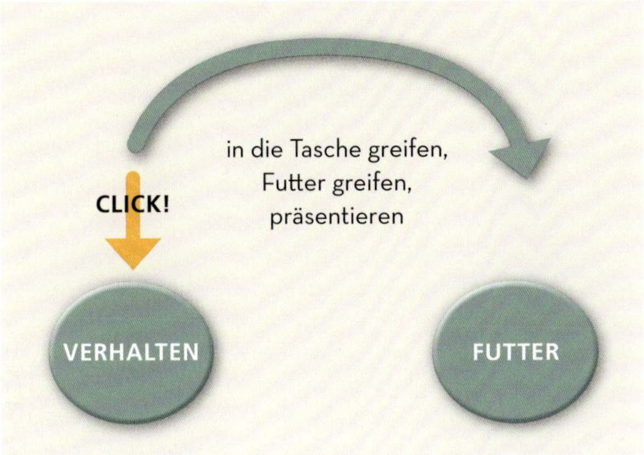

Verhalten genau markieren, deswegen spricht man auch von Markersignal. Der Click kündigt für das Pferd dann zuverlässig den primären Verstärker (das Futter) an und wird somit zum sekundären Verstärker oder zum Brückensignal, weil er eben die Belohnung ankündigt.

ALLESKÖNNER KNALLFROSCH

Das Grundprinzip ist nun klar: Wir brauchen ein Markersignal, um zielführend mit positiver Verstärkung arbeiten zu können. Aber muss es denn unbedingt ein Clicker – auch gerne Knallfrosch genannt – sein?
Jedes Signal kann zum Markersignal für das Pferd werden, d. h. jedes Geräusch, aber auch Farb- oder Lichtsignale können entsprechend konditioniert und damit zum Marker werden. Im (Trainings-)Alltag ist es jedoch besonders wichtig, ein Markersignal zu wählen, dass praktikabel ist. Dafür muss es einige Grundvoraussetzungen erfüllen. Das Markersignal soll
– schnell sein, d. h. es muss prompt gegeben werden können,
– unmissverständlich sein, d. h. eindeutig und im sonstigen Pferdealltag nicht vorkommen,
– für das Pferd deutlich wahrnehmbar sein.

Mit dem Clicker haben wir ein Tool an der Hand, das all diese Voraussetzungen erfüllt und zudem richtig praktisch im Handling ist! Oft wird gegen den Clicker eingewandt, es sei lästig, ihn immer „am Mann“ oder „an der Frau“ zu haben. Sicherlich bedarf es einer kleinen Umstellung, den Knallfrosch für das Training immer in die Leckerli- oder Hosentasche zu stecken. Dennoch überwiegen die Vorteile des Clickers gegenüber den beiden öfter genutzten Alternativen: dem Markerwort oder dem Zungenclick. Worte wie „Keks“ können als Markerwort oder Markersignal etabliert werden. Wichtig ist, unbedingt ein Wort zu wählen, das außerhalb des Trainings-Pferdealltags nicht gebraucht wird. Schließlich muss der Marker eindeutig sein. Sinn und Zweck ist es, das Markerwort nur dann auszusprechen, wenn ein erwünschtes Verhalten tatsächlich markiert wurde und eine Belohnung erfolgt. Wörter

Im Fachhandel gibt es eine große Auswahl an verschiedenen Clickern, die jeder Vorliebe gerecht werden.

BEISPIEL

Wallach Henri soll lernen, an der Aufstiegshilfe „einzuparken", d. h. sich alleine so dort zu positionieren, dass seine Besitzerin Lena aufsitzen kann, ohne ihn noch weiter zu positionieren. Sie trainiert das „Einparken" mit dem Markerwort „Keks". Allerdings ist sie schon von Haus aus eine Plaudertasche und hat zudem einen anstrengenden Tag hinter sich. Sie ist also selbst ein wenig unkonzentriert.

Henri stellt sich zwar von allein an die Aufstiegshilfe, allerdings bleibt er dabei nicht ruhig und macht immer wieder einen Schritt vor und zurück, anstatt still zu stehen. Lenas Reaktion:

„Aber nein! du weißt doch, dass du das nicht tun sollst. Halte still. Ja, genau - so. So ist es besser. Warte! Warte! Ja, okay, jetzt. Jetzt ist es gut. Ja, super! Toll! Das hast du fein gemacht! Tolles Pony! Ja! KEKS. Prima. Good boy."

wie „Super" oder „Toll" eignen sich deswegen auf keinen Fall, denn sie werden von fast allen Pferdebesitzern im Alltag recht unbedarft genutzt. Richtig gewählt und angewendet kann ein Markerwort seinen Zweck zweifelsfrei erfüllen. Gerade für Anfänger im Training mit positiver Verstärkung eignet es sich allerdings nur bedingt. Es ist erwiesen, dass der Daumen am Clicker schneller betätigt werden kann, als dass Worte ausgesprochen werden können. Mit dem Clicker markiert man Verhalten also stets ein wenig schneller als mit einem Markerwort. Der Clicker hat damit die Nase vorn, wenn es um Präzision geht. Darüber hinaus hat das Markerwort noch einen entscheidenden Nachteil – zumindest für viele Pferdebesitzer. Es ist gut und richtig, mit seinem Pferd zu sprechen. Sicher kennst du aber genug Situationen aus dem Pferdealltag, in denen es zu langen Monologen kommt.

Ein Markerwort macht immer nur dann Sinn, wenn das Pferd überhaupt die Möglichkeit erhält, das Markerwort aus dem „Storytelling" heraushören zu können. Wer sich gerne wort-kommunikativ gegenüber seinem Pferd zeigt, der tut gut daran, zumindest zu Beginn auf den Clicker im Training zu setzen. Ansonsten besteht die Gefahr, dass das Pferd beim menschlichen Redefluss schnell auf

Der Clicker hat gegenüber Markerwort und Zungenclick entscheidende Vorteile – gerade bei komplexen Aufgaben ermöglicht er ein schnelles Reagieren.

Durchzug schaltet und gar nicht mehr wahrnimmt, dass und wenn das Markerwort ausgesprochen wird.
Eine andere, verbreitete Alternative zum Clicker ist der sogenannte Zungenclick. Der Zungenclick ist keinesfalls mit dem Schnalzen, das Pferdebesitzer gerne verlauten lassen, wenn sie ihr Pferd antreiben möchten, zu vergleichen. Zungenclick und Schnalzen sind zwei völlig unterschiedliche Geräusche – und das ist auch richtig, geht es doch um Eindeutigkeit. Beim Zungenclick wird die Zungenspitze an den Gaumen gedrückt, eine Art Vakuum erzeugt und die Zunge dann nach vorne abgerollt. Im Internet findet man gute Anleitungsvideos dazu. Das Geräusch hört sich dann ziemlich genauso an wie bei einem Knallfrosch. Der Zungenclick ist damit wunderbar als Markersignal geeignet. Für Anfänger eignet sich dennoch der Knallfrosch besser, denn für den Zungenclick braucht es einiges an Übung, um ihn präzise und schnell ausführen zu können. Meistens ist man mit der Zunge doch etwas langsamer als mit dem Daumen, der den Clicker betätigt.
Wer optimale Startvoraussetzungen haben möchte, der sollte mit einem Knallfrosch in das Training mit positiver Verstärkung starten. Später kann man – gefestigt durch eine gewisse Trainingserfahrung – immer noch umsteigen, z. B. auf den Zungenclick.
Egal ob Kasten- oder Knopfclicker, laut oder leise – der Tierbedarfshandel bietet eine große Auswahl an verschiedenen Clickern. Ein Ausflug in die Hundeabteilung lohnt sich: Dort findet man ein großes Potpourri an Clickern und kann direkt im Laden testen, welches Modell am angenehmsten in der Hand liegt und gut im Ohr klingt.

Trainingsfalle Leckerli?

Führt das Training mit Futterbelohnung zwangsläufig zu verfressenen und ungezogenen Rüpeln auf vier Beinen? Ganz sicher nicht – zumindest dann nicht, wenn man sich an die wichtigsten Trainingsgrundsätze hält.

Clickertraining hat bei vielen Pferdebesitzern keinen allzu guten Ruf. Ein Grund hierfür ist sicherlich, dass jeder einen oder mehrere Stallkollegen kennt, die gerne erzählen: „Also bei mir hat das mit dem Clickertraining überhaupt nicht funktioniert! Mein Pferd war dann nur noch total auf die Leckerli fixiert und hat überhaupt nicht das gemacht, was ich wollte. Es hat sich richtig danebenbenommen und ist schon fast aggressiv mir gegenüber geworden! Seitdem schnappt es auch!"
Dass diese Geschichten immer wieder erzählt werden, liegt nicht daran, dass Clickertraining nicht funktioniert. Ganz im Gegenteil: Clickertraining funktioniert zu gut! Daher müssen einige Dinge unbedingt beachtet werden.

Gieren Pferde nach der Leckerlitasche, so liegt das nicht am Clickertraining selbst – sondern am zweibeinigen Trainer!

Auch das gierigste Pony kann lernen, höflich abzuwarten, bis es ein Leckerli bekommt.

CLICK DICH GLÜCKLICH!

Wird im Pferdetraining mit Futter gearbeitet, d. h. wird ein Verhalten mit Futter verstärkt, entsteht eine Situation, in der Pferde hochmotiviert mitarbeiten. Mit einem ehrlich motivierten Pferd arbeiten zu dürfen, ist ein großes Geschenk. Manchmal sind Pferde aber etwas übermotiviert. In Kombination mit Menschen, die vielleicht etwas unaufmerksam im Training sind, können Situationen entstehen, die Fehler provozieren. Schnell sind Menschen dann dazu verleitet, dem Clickertraining für das eigene Pferd die „Wirksamkeit" oder „Funktionalität" abzusprechen: „Also bei meinem Pferd klappt das nicht/würde das nicht klappen!"

ACHTUNG!

Clickertraining beruht auf den Lerngesetzen und funktioniert – ausnahmslos. Führt das Training zu einem schlechten Ergebnis wie einem schnappenden Pferd, liegt es nicht an der fehlenden Wirksamkeit des Clickertrainings. Der Grund für ungute Ergebnisse ist ganz einfach: Wir selbst machen Fehler. Unsere eigenen Fehler sorgen für Probleme – nicht die Grundsätze der positiven Verstärkung.

Damit dir die typischen Anfängerfehler nicht unterlaufen und du auch glücklich mit deinen Trainingsergebnissen wirst, musst du die folgenden Punkte unbedingt berücksichtigen.

EINDEUTIGES ZIELBILD!

Im Training soll ein konkretes Verhalten verstärkt werden. Um an diesem Verhalten arbeiten zu können, musst du dir darüber im Klaren sein: Wie genau soll das Verhalten deines Pferdes aussehen? Was sich simpel anhört, fällt gerade Anfängern schwer: Je konkreter das Zielbild, desto besser wird das Trainingsergebnis sein!

BEISPIEL AUS DEM TRAININGSALLTAG:

Ruth will Lilly beibringen, einen Targetstick (also einen Stock, an dessen Ende ein Ball oder Ähnliches befestigt ist) zu berühren.

Bevor es an das Training geht, muss das konkrete Zielbild abgesteckt werden:

Mit welchem Körperteil soll der Stick berührt werden?

Mit der Nase? Sollen die Lippen dabei geschlossen sein? Soll der Ball genau in der Mitte der Nüstern auftreffen?

Mit welcher Stupsintensität soll der Stick berührt werden? Ganz sachte oder kräftig?

Wie sieht Lillys Kopfhaltung dabei aus? Soll der Kopf gerade sein oder darf er sich zur Seite oder nach oben und unten neigen?

Spielt es eine Rolle, was der Rest des Pferdekörpers tut? Müssen z. B. alle vier Hufe belastet sein?

Wo möchte ich selbst stehen? Vor dem Pferd? Links oder rechts neben dem Pferd?

Und dieser Fragenkatalog ist nicht abschließend!

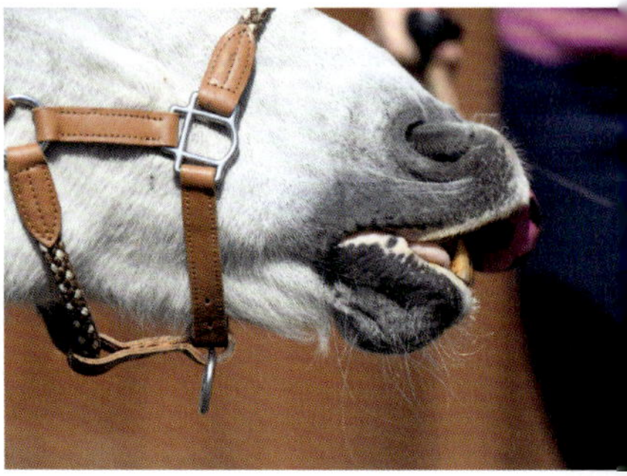

Hineinbeißen, offener Mund oder leicht geöffnete Lippen? Als Trainer muss man sich im Klaren darüber sein, wie genau das gewünschte Verhalten aussehen soll. Nur so kann zielführend trainiert werden.

BEISPIEL BERÜHREN DES TARGETSTICKS:

Berührt Shetlandpony Lilly den Ball des Targetsticks, werden mehrere Verhaltensweisen von ihr abverlangt:

Mit der Nase den Targetstick berühren.

Die Lippen sind dabei geschlossen.

Alle vier Beine sind belastet.

MIT PLAN ZUM ERFOLG!

Um Verhalten zu verstärken, muss zu Beginn erst einmal ein Verhalten vorliegen. du musst dir vor Trainingsbeginn überlegen, wie du dieses Verhalten hervorrufen kannst.

Um beim Beispiel mit dem Targetstick zu bleiben: Wie genau will Ruth Shetlandpony Lilly dazu bringen, den Stick anzustupsen, um dieses Anstupsen clickern zu können? Wie immer können hier mehrere Wege zum Erfolg führen – im Praxisteil findest du eine konkrete Anleitung für die Target-Übung.

KLEINE SCHRITTE AUF EINEM KLAREN WEG!

Verhalten ist selten so einfach, wie es klingt. Werfen wir einen genaueren Blick auf das Beispiel mit dem Targetstick, so wird schnell klar: Das Anstupsen des Balls besteht aus mehreren sogenannten Kriterien:

In jeder Trainingseinheit arbeiten wir an nur einem Kriterium: In der ersten Einheit ist es also z. B. allein von Relevanz, dass der Ball des Sticks mit der Nase des Pferds berührt wird. Machen wir von Beginn an zu große Schritte und erwarten zu viel, frustrieren wir das Pferd – und uns selbst.
Stell dir vor, du würdest 20-mal hintereinander den Stick berühren und keine Belohnung dafür bekommen. Wie würdest du das finden? Manche Pferde „steigen aus" und widmen sich lieber dem Heu in der Ecke als dem Training. Andere äußern ihren Frust in aufdringlichem oder gar aggressivem Verhalten.
Aus dem Amerikanischen stammt der Spruch, der vor allem für das Unterrichten von Kindern verwendet wird, der aber ebenso für das Training von Pferden gilt: Catch them being good! Das bedeutet so viel wie: Trainiere Pferde insbesondere dann, wenn sie etwas gut machen und ihnen viel gelingt! Deswegen trainieren wir in kleinsten Schritten und mit ganz klaren Kriterien.

DIE BELOHNUNGSRATE ENTSCHEIDET!

Ein typisches Problem ist eine zu niedrige Belohnungsrate. Belohnungsrate meint das Verhältnis von gezeigtem Verhalten zu belohntem Verhalten. Du hast es im vorangegangenen Punkt gelesen: Stell dir vor, du bekommst auch nach 20-facher Ausführung keinen Keks. Für dich lohnt sich das Verhalten nicht und du wirst aus dem Training „aussteigen".
Eine zu niedrige Belohnungsrate hängt meist mit unklaren Kriterien oder zu hohen Anforderungen zusammen. Clicken wir nur einmal in einer Minute, wird unser Pferd schnell das Interesse am Training verlieren. Deshalb müssen wir durch klare Kriterien und kleine Schritte dafür sorgen, dass wir gerade zu Beginn (also dann, wenn

Haben wir ein klares Zielbild vor Augen, können wir in kleinen Schritten erfolgreich daran arbeiten.

wir ein neues Verhalten trainieren) eine hohe Belohnungsrate haben. Je öfter wir clicken können, weil unser Pferd das richtige Verhalten zeigt, desto motivierter und beharrlicher wird es mitarbeiten.

Mach es deinem Pferd so einfach, dass es die Chance hat, oft geclickt und belohnt zu werden! Das sorgt einerseits für Motivation bei Pferd und Mensch, aber auch dafür, dass kleinschrittig trainiert wird!

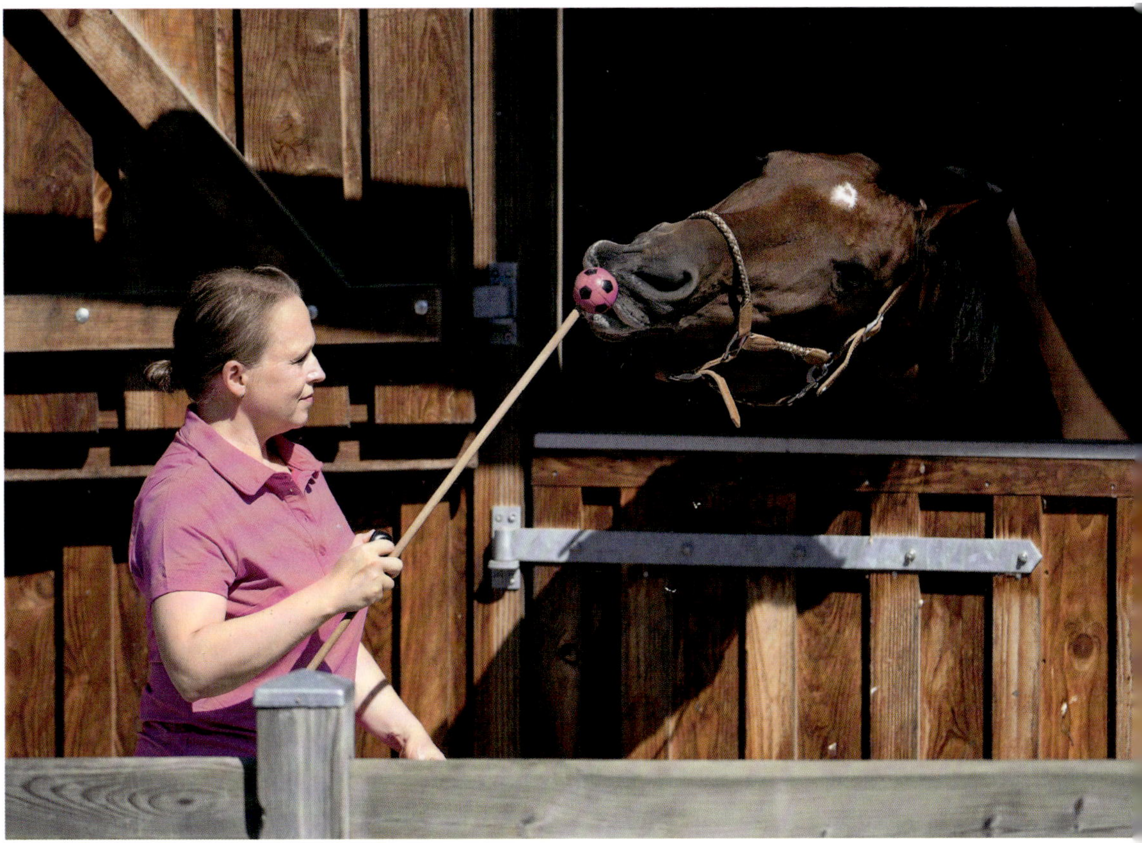

Trainingsfrust kann immer dann aufkommen, wenn die Belohnungsrate nicht stimmt.

Clicken wir zu oft, wenn das Pferd z. B. den Ball mit offenem Mund berührt, wird es dieses Verhalten immer wieder zeigen.

BEISPIEL TARGETSTICK: GUT BEOBACHTET IST HALB GEWONNEN!

Du hast festgelegt, wie das konkrete Verhalten am Ende des Trainings aussehen soll. Nun musst du dein Pferd konzentriert und gut beobachten.
Du benötigst ein gutes Auge, um zu erkennen, wann dein Pferd das erwünschte Verhalten oder ein ganz anderes Verhalten zeigt. Werfen wir einen Blick auf eine konkrete Trainingssituation:
Lilly berührt den Stick mit der Nase, die Lippen sind dabei geschlossen – genauso, wie Ruth es möchte. Allerdings übersieht sie dabei, dass Lilly das rechte Hinterbein beim Anstupsen immer leicht anhebt. Dieses Verhalten ist Ruth zunächst gar nicht aufgefallen, weil sie sich im Training allein auf die geschlossenen Lippen konzentriert hat.
Sehen wir im Training nicht genau hin – und das gilt für das Clickertraining ebenso wie für alle anderen Trainingsmethoden –, schleicht sich schnell unerwünschtes Verhalten ein. Aus Kleinigkeiten können mit der Zeit größere Probleme entstehen.

Jedes Mal, wenn Lilly dafür geclickt wird, dass sie den Stick mit der Nase berührt und dabei gleichzeitig das rechte Hinterbein anhebt, belohnt Ruth das Anheben des Beines mit. Lilly versteht die Aufgabe dann so: „Alles klar! Nase an den Stick, gleichzeitig Bein hoch – prima Sache."

GUTES TIMING IST ALLES!

Mit dem Clicker kann man schnell arbeiten – und das ist wichtig! Das Timing ist entscheidend. Konkret bedeutet das: Die Markierung, d.h. der Click, muss exakt dann erfolgen, wenn das Verhalten gezeigt wird. Treten Probleme im Training auf, liegt das sehr häufig daran, dass zu spät geclickt wurde.
Sehen wir uns wieder das Beispiel mit dem Targetstick an:
Lilly stupst den Targetstick mit der Nase, alle vier Hufe stehen belastet am Boden. Dann hebt Lilly das rechte Hinterbein an: Ruth clickt.
Wäre hier eine Sekunde eher geclickt worden, wäre das gewünschte Verhalten verstärkt worden. So wurde jedoch ein Verhalten verstärkt, dass in dieser Form gar nicht gewollt ist.
Für sehr viele Clicker-Starter fühlt sich der Clicker zu Beginn fast wie ein kleiner Fremdkörper an: Da ist immer etwas in der Hand, das irgendwie stört, wenn man doch auch noch füttern soll. Deswegen ist es umso wichtiger, das Handling von Clicker und Futter zu trainieren. Am besten macht man das ohne Pferd. Sitzen die eigenen Handgriffe sicher, kann später effektiv am Pferd gearbeitet werden. Ein gutes Timing erfordert neben einem wachsamen Auge und den entsprechenden motorischen Fähigkeiten deine Konzentration. Deshalb sei an dieser Stelle nochmals an die notwendigen Pausen erinnert: Auch dein Kopf benötigt zuweilen ein wenig Ruhe, um anschließend wieder frisch gestärkt ins Training starten zu können.

Eine einzige Sekunde kann darüber entscheiden, ob wir das gewünschte Verhalten verstärken.

Achtung!

Du clickst dann, und wirklich nur dann, wenn dein Pferd genau das Verhalten zeigt, das du tatsächlich verstärken willst.

JEDER BEKOMMT DAS, WAS ER BELOHNT!

Der Clicker ist ein Markersignal – d. h. wir markieren ein ganz bestimmtes Verhalten als „richtig". Wenn im obigen Beispiel Lilly mit jedem Click gesagt wird: „Ja! Bitte den Stick mit der Nase stupsen und gleichzeitig das rechte Hinterbein anheben" –, wird Lilly exakt dieses Verhalten wieder zeigen. Weil es verstärkt wurde, indem es mit dem Clicker markiert und anschließend das Futter präsentiert wurde. Für Lilly hat sich dieses Verhalten also richtig gelohnt!

Du bekommst im Training genau das Verhalten, das du verstärkst.

In der Konsequenz bedeutet das: Verstärke niemals unerwünschtes Verhalten!

SAFETY FIRST: WAS TUN, WENNS BRENNT?

Auch im Training mit positiver Verstärkung kann es – ebenso wie beim Training mit negativer Verstärkung – zu unschönen oder gar gefährlichen Situationen kommen. Die Gründe hierfür sind vielfältig. Das Pferd kann z. B. frustriert und aggressiv werden, weil in der Einheit zu hohe Anforderungen gestellt wurden.

Die oberste Regel lautet: Versuche, solche Situationen erst gar nicht entstehen zu lassen. Dafür kannst du am besten sorgen, indem du keine Trainingsfehler begehst. Nun leben wir aber in keiner perfekten Welt, in der sich jeder Fehler vermeiden lässt. Passiert ein Fehler, ist es wichtig, richtig mit der Situation umzugehen.

Sollte dir ein Trainingsfehler unterlaufen (z. B. schlechtes Timung) und dein Pferd benimmt sich rüpelig, verlässt du sofort den Übungsplatz. Sofort meint hier „unmittelbar – auf der Stelle". Du kannst dich entweder wegdrehen oder aber den Trainingsplatz, z. B. den Reitplatz, komplett verlassen. Welche Alternative du wählst, hängt von der Intensität der Unhöflichkeit des Pferdes und den äußeren Umständen ab. Entziehst du dich dem Pferd, entziehst du dem Pferd gleichzeitig jegliche Möglichkeit auf eine Belohnung. Das Pferd lernt dann: Zeige ich Verhalten X (z. B. Steigen), kann ich kein Leckerli mehr bekommen. Wir bewegen uns hier im Bereich der negativen Strafe: Etwas Angenehmes wird weggenommen.

Das Bestreben sollte stets sein, negativ zu strafen. Kommt es aber zu sehr brenzligen Situationen, muss es auch legitim bleiben, die positive Strafe zu nutzen, z. B. mit einem kräftigen Ruck am Halfter. Im Fall des Falles gilt: Die körperliche Gesundheit von Mensch und Tier steht immer an erster Stelle! Das sollte bei allen Bemühungen um „druckfreies" Training nie vergessen werden.

Ein einfaches Wegdrehen kann schon helfen – so entziehen wir dem Pferd die Option auf Belohnung.

Übung 1:

Tausendsassa Targetstick

AUFGEPASST!

Die Target-Übung ist die Basisübung für alle Clicker-Neulinge:

Du erklärst deinem Pferd die Bedeutung des Clicks und wirst selbst sicher im Handling des Knallfrosches. Sobald ihr beide sicher seid, könnt ihr aus dieser Übung viele weitere, clevere und spaßige Trainingsideen entwickeln!

Dem Pferd beizubringen, den Targetstick mit der Nase zu stupsen, ist eine prima Übung und Grundlage für alle weiteren Trainingsideen mit dem Clicker.
Zum einen wird dem Pferd der Clicker als Kommunikationsmittel verständlich gemacht. Das Pferd lernt, was der Click bedeutet. Zum anderen ist die Übung auch für uns Menschen nicht zu komplex: Sie gibt uns die Chance, die eigenen Fähigkeiten und Fertigkeiten zu trainieren – damit bei komplexeren Übungen garantiert nichts schiefgehen kann! Der Targetstick ist damit ein Tausendsassa im Clickertraining und aus vielen Trainingsaufbauten nicht wegzudenken.

DARUM GEHT ES

Das Pferd weiß zu Beginn des Trainings nicht, was der Click bedeutet – das Clicken an sich ist eines von vielen Geräuschen. Trainieren wir das Anstupsen des Targetsticks mit der Nase, erklären wir dem Pferd mit

Als Targetstick eignen sich sowohl selbst gebastelte Sticks als auch Alltagsgegenstände.

dieser Übung: „Richtig! Genau dafür bekommst du ein Leckerli!“ So wird die Basis für ein gemeinsames Vokabular von Pferd und Mensch gelegt. Hier kommt die Konditionierung ins Spiel: Das Pferd wird lernen, was der Clicker bedeutet. Darüber hinaus geht es um deine Trainerfähigkeiten: Du bekommst die Chance, deine Fertigkeiten zu schulen.

EQUIPMENT

– Ein Targetstick

Target steht für „Zielobjekt“. Im Tierhandel gibt es – meist in der Hundeabteilung – Targetsticks zu kaufen. Ganz einfach lässt sich ein Targetstick selbst herstellen: Im Baumarkt kann man sich ein Rundholz mit einem Durchmesser von etwa 0,5 cm auf 30 bis 40 cm Länge zuschneiden lassen. Neben dem Rundholz benötigst du einen Tennis- oder Schaumstoffball. In diesen Ball bohrst du mit einem Korkenzieher ein Loch – so kannst du den Ball ganz einfach auf das Rundholz stecken.

Alternativ lässt sich mit einer Fliegenklatsche oder Ähnlichem trainieren. Grundsätzlich lässt sich aus jedem Gegenstand ein Target machen. Vorteilhaft an allen „Stablösungen“ ist in jedem Fall, dass der Stab von vorneherein für eine gewisse räumliche Distanz zwischen Mensch und Pferd bzw. Pferd und Leckerlitasche sorgt. Das erleichtert gerade zu Beginn das Training.

DIE TARGET-ÜBUNG

Im Clickertraining ist ein eindeutiges Zielbild sehr wichtig: Um effektiv trainieren zu können, musst du eine genaue Vorstellung des Zielverhaltens deines Pferdes haben. Nur so hast du die Möglichkeit, exakt das Verhalten zu belohnen, das du auch tatsächlich sehen möchtest. Bei der Target-Übung sieht das Zielbild so aus:
Du präsentierst dem Pferd einen Targetstick. Dein Pferd stupst dieses Target höflich mit der Nase an. Dein Pferd bekommt dafür einen Click und darauffolgend ein Leckerli.
Höflich meint hier: Das Pferd bedrängt dich nicht, es beißt nicht in den Ball und wird nicht aufdringlich. Auf mehr musst du zunächst nicht achten.

VORBEREITUNG

Es lohnt sich, mit einer Trockenübung zu starten. Trainierst du die Target-Übung später mit dem Pferd, musst du mit deinen Händen mehrere Dinge tun:

1. Targetstick präsentieren,
2. clicken,
3. in die Tasche greifen,
4. Futter reichen,
5. während du das Futter präsentierst, das Target aus dem Sichtfeld des Pferdes entfernen.

Die Einzelschritte hören sich zunächst simpel an. In der Praxis können sie eine Herausforderung darstellen, denn du musst dabei richtig schnell sein! Um deine Trainerfähigkeiten zu schulen, solltest du den Ablauf unbedingt einige Male ohne Pferd durchgehen, bis sich für dich alles geschmeidig anfühlt.

1

Praxistipp

Halte Targetstick und Clicker in einer Hand. So ist die andere Hand frei für das Füttern der Leckerli.

2

3

Targetstick und Clicker befinden sich in einer Hand. Nach dem Click erfolgt der Griff in die Tasche, um anschließend das Leckerli zu präsentieren.

4

Zu Beginn ergibt es Sinn, dass das Pferd hinter einer Absprerrung – z. B. der Boxentür – steht.

Neben dieser Trockenübung solltest du dir Gedanken zu den Rahmenbedingungen deiner Trainingseinheit machen. Du kennst dein Pferd am besten: Wie reagiert es auf Leckerli, wenn es sonst kein Futter aus der Hand bekommt? Sicherheit steht immer an erster Stelle. Um dir selbst die Möglichkeit zu geben, das Handling des Clickers stressfrei zu erlernen und dein Pferd nicht zu überfordern, ist diese Trainingsumgebung empfehlenswert:

– Dein Pferd ist abgetrennt von anderen Pferden.

– Ist Futter im Spiel, können bei vielen Pferden schnell Ressourcen-Kontroll-Mechanismen in Gang gesetzt werden. Das sind keine guten Voraussetzungen für das Training. Denn dein Pferd soll sich auf die Aufgabe konzentrieren und nicht darauf, sein Futter gegenüber anderen Pferden zu verteidigen. Trainiere also nicht in unmittelbarer Nähe zu anderen Pferden. Die Pferde sollten voneinander separiert sein.

– Dein Pferd steht hinter einer Absperrung.

– Auch die Gabe von Leckerli kann Pferde stressen, vor allem dann, wenn du noch nicht genau weißt, wie hoch die Belohnungsrate sein muss, oder du zu große Trainingsschritte abverlangst. Gestresste Pferde können gefährlich werden. Um unguten Situa-

DEIN FAHRPLAN FÜR DIE TARGET-ÜBUNG:

Die Rahmenbedingungen

1. Du nutzt eine Nullposition.
2. Deine Position zum Pferd bleibt gleich.
3. Auf jeden Click folgt ein Leckerli.

Dein Vorgehen Schritt für Schritt

1. Targetstick in das Sichtfeld deines Pferdes bringen
2. Nach dem Anstupsen clicken und füttern
3. Achte auf den Futterpunkt, das gezeigte Verhalten und eine hohe Belohnungrate!

tionen vorzubeugen, steht dein Pferd zu Beginn abgetrennt von dir. Diese sichere Umgebung – auch „protected contact" genannt – gibt euch beiden Sicherheit. Die Abtrennung kann so aussehen, dass dein Pferd in einer Box steht. Steht deinem Offenstall-Pferd keine Box zur Verfügung, kannst du z. B. mit einem Band eine Absperrung zwischen euch bringen.

– Dein Pferd ist satt.

– Sobald dein Pferd hungrig ist, machst du euch das Training unnötig schwer! Hungrige Pferde sind gestresste Pferde. Dein Pferd sollte deshalb zwar Appetit, aber keinen Heißhunger haben.

SO TRAINIERST DU DIE TARGET-ÜBUNG

Durch die Trockenübung bist du fit im Umgang mit Clicker, Leckerli und Targetstick. Du hast dir überlegt, wie die Absperrung zwischen dir und deinem Pferd aussehen soll. Nun bleibt noch die Frage: Wie genau wird dein Pferd auf den Clicker konditioniert?

1. Die Nullposition

Das Pferd soll lernen, **Click = Futter**, und es muss verstehen: „Ein Click ist super, denn auf jeden Click folgt ein Leckerli!" Auch hier liegt der Fehlerteufel im Detail versteckt, genauer gesagt gibt es zwei Knackpunkte, die unbedingt beachtet werden müssen:

1. Du hast nach dem Click maximal 2 – 3 Sekunden Zeit, um das Leckerli zu reichen. Ansonsten wird das geclickte Verhalten nicht markiert. Schnelligkeit ist gefragt!

2. Pferde sind clever und bemerken viele Dinge, die uns selbst gar nicht auffallen. Das kann zu Problemen führen.

In der Praxis sehe ich häufig, dass Pferdebesitzer in der guten Absicht, Zeit sparen zu wollen, in ihre Tasche

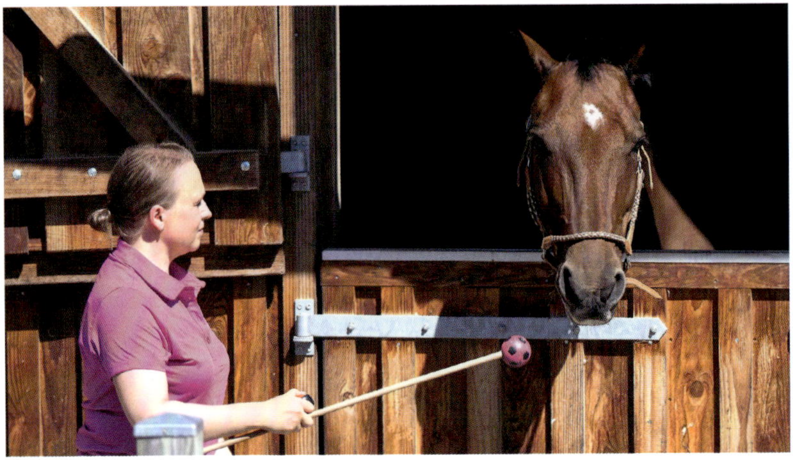

Achtung!

Du brauchst im Training eine neutrale Position, denn ausschließlich der Click soll das Verhalten markieren und nicht deine Körpersprache. Man spricht von der sogenannten Nullposition.

greifen und erst nach dem Griff in die Tasche clicken. Das Pferd erkennt so den Griff in die Tasche als Marker, jedoch nicht den Click. Diese Vorgehensweise ist reichlich ungünstig, schließlich stecken wir unsere Hand oft unbewusst in die Tasche. Damit markieren wir wiederum Verhalten, das wir überhaupt nicht verstärken möchten.

Am besten stehst du also stets in bequemer, aufrechter Körperhaltung am Pferd und greifst erst nach dem Click in deine Leckerlitasche. Bist du dir unsicher, wiederhole unbedingt die Trockenübung.

2. Deine Position zum Pferd

Du weißt nun, dass die Nullposition entscheidend für das Training ist. Damit ist das Thema „Position" aber noch nicht abgeschlossen. Für deine eigene Position zum Pferd gibt es zwei zielführende Alternativen. Du stehst entweder frontal vor oder leicht seitlich mit ausreichend Abstand neben dem Pferd. Für welche Variante du dich entscheidest, hängt davon ab, wie du dich wohler fühlst. Auch hierfür ist die Trockenübung wichtig: um zu eruieren, welche Position dir leichter fällt und besser liegt. Für die Konditionierung ist es zunächst egal, wo du stehst. Für die Phase der Konditionierung gilt: Hast du dich für eine Position entschieden, bleibst du vorerst dabei! Erst wenn alles gut klappt, beginnst du, deine Position zum Pferd zu wechseln oder sogar Bewegungen mit dem Target abzufragen.

Ausreichend Abstand bedeutet, dass du das Futter dem Pferd bequem und

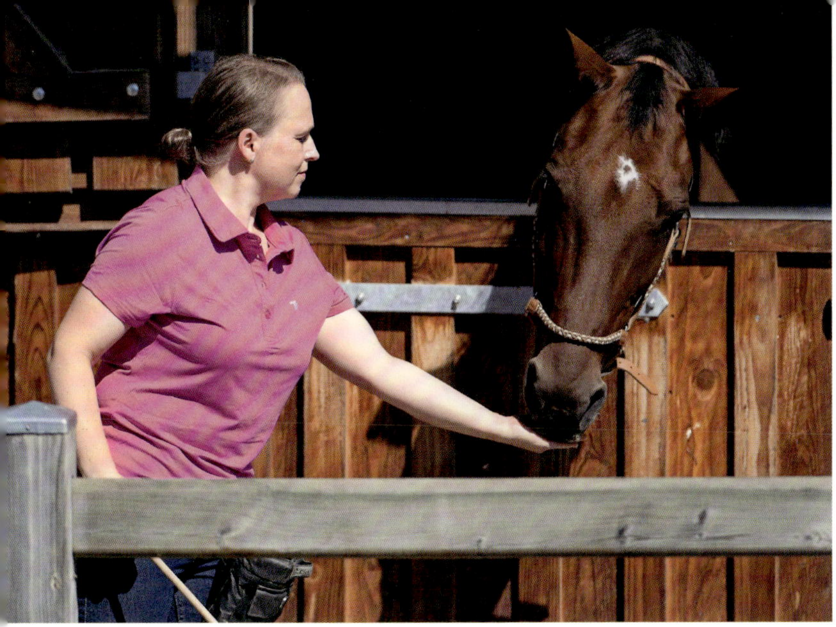

1 Du bringst den Targetstick in das Sichtfeld des Pferdes.

2 Du solltest so stehen, dass du dem Pferd bequem das Futter reichen kannst.

mit gestrecktem Arm präsentieren kannst – also ohne z. B. deinen Arm zu überstrecken.

3. Auf jeden Click folgt ein Leckerli!

Bei der Target-Übung geht es um die Konditionierung, das Verständlichmachen der Bedeutung des Clicks. Um eine unmissverständliche Sprache zu sprechen, musst du konsequent sein. Jeder Click bedeutet ein Leckerli für dein Pferd. Bekommt das Pferd manchmal ein Leckerli auf einen Click und manchmal nicht, wird es den Zusammenhang zwischen dem Knallfrosch und dem Futter nicht verstehen!
Musst du nun immer ein Leckerli füttern, auch wenn es sich um Fehlclicks handelt? Nein, denn hat dein Pferd die Clickersprache sicher verstanden, kannst du bei späteren Übungen ein wenig von diesem Grundsatz abweichen: Dann muss nicht mehr auf jeden Fehlclick ein Futterlob erfolgen. Das gilt selbstverständlich erst, sobald du so gut wie keine Fehlclicks mehr machst und dein Pferd schon sehr sicher auf den Clicker konditioniert ist!

4. Dein Vorgehen: Schritt für Schritt

1. Du bringst den Targetstick in das Sichtfeld deines Pferdes. Das Target muss so präsentiert werden, dass es dein Pferd problemlos im Stehen mit der Nase erreichen kann.
2. Sobald dein Pferd das Target anstupst, heißt es für dich: Click + Hand in die Futtertasche + Futter reichen.

Achtung!

Auf jeden Click folgt ein Leckerli!

Das heißt: Auch wenn du zu einem ungünstigen Zeitpunkt clickst, musst du trotzdem füttern! Deswegen sind Trockenübungen sinnvoll – so vermeidest du zu viele sogenannte Fehlclicks.

3. Beachte: Der Futterpunkt, also der Punkt, an dem du das Leckerli präsentierst, ist im Bereich des Pferdes. Das bedeutet: Du streckst deinen Arm aus und fütterst so, dass dein Pferd seinen Kopf gerade hält, im Idealfall auf Höhe des Buggelenks. Auf keinen Fall fütterst du nah bei dir oder der Leckerlitasche. Das würde dazu führen, dass dir dein Pferd körperlich immer ein wenig näherkommt, was wiederum keine gute Voraussetzung für ein höfliches Pferd ist.

4. Du clickst nur, wenn der Ball mit der Schnute angestupst wird. Du clickst nicht, wenn dein Pferd hineinbeißt. Unerwünschtes Verhalten sollst du nicht belohnen. Denk stets daran: Du bekommst das Verhalten, das du belohnst!

5. Sobald du fütterst, nimmst du das Target aus dem Sichtfeld des Pferdes. Erscheint der Stick immer wieder aufs Neue und bleibt nicht konstant verfügbar, bleibt er für dein Pferd interessant.

6. Zu Beginn benötigst du eine hohe Belohnungsrate. Daher präsentierst du den Targetstick immer wieder sehr zügig. So wird das Target zum einen für dein Pferd sehr interessant und lohnend, zum anderen ergibt sich für dein Pferd erst gar nicht die Möglichkeit, unerwünschtes Verhalten zu zeigen. So kannst du Probleme vermeiden, bevor sie überhaupt entstehen.

Insgesamt sollte diese Vorgehensweise etwa 10–15-mal wiederholt werden. Danach legst du eine kleine Pause ein und beginnst entweder von Neuem oder trainierst am nächsten Tag weiter.

Sobald dein Pferd den Stick sicher und höflich mit der Nase stupsen kann, beginnst du, deine eigene Position zu verändern: Du stellst dich z. B. etwas seitlicher oder frontaler zum Pferdekopf. Funktioniert auch das, beginnst du, den Stick weiter weg und so zu präsentieren, dass dein Pferd z. B. den Kopf drehen oder vielleicht sogar einen Schritt gehen muss, um den Ball zu erreichen.

TROUBLESHOOTING: WAS TUN, WENN?

Fehler passieren. Das ist nicht weiter schlimm – solange du einen Plan hast, wie du mit deinen Trainingsfehlern umgehst. Hier findest du Tipps für die häufigsten Fehler:

1. Dein Pferd zeigt kein Interesse am Targetstick

Hat dein Pferd noch gar keine Idee, was der Targetstick zu bedeuten hat, kann es passieren, dass es erst einmal keinerlei Interesse zeigt. Hier hilft folgendes Vorgehen:

Sobald sich dein Pferd 3 bis 5 Sekunden gar nicht interessiert am Target zeigt, nimmst du es aus dem Blickfeld und präsentierst es erneut.

Gegebenenfalls kannst du ein wenig mit dem Stick wedeln, um ihn interessant zu machen.
Du präsentierst das Target etwas näher am Pferd.
Funktioniert auch dieses Vorgehen nicht: Führe das Target zur Pferdenase und stupse die Nase mit dem Target leicht an. Sobald sich Ball und Nase berühren, heißt es wieder für dich: Click + Hand in die Futtertasche + Futter. Das wiederholst du einige Male (ca. 5 – 10-mal). Anschließend präsentierst du das Target wieder und lässt ca. 1 cm Abstand zur Pferdenase. Sobald dein Pferd das Target berührt: Click + Hand in die Futtertasche + Futter. So kannst du den Abstand zwischen Targetstick und Pferdenase jedes Mal ein wenig vergrößern.

Gerade bei den ersten Versuchen kann es passieren, dass dein Pferd zunächst gar kein Interesse zeigt, weil es die Übung noch nicht verstanden hat.

2. Dein Pferd wird rüpelig

Über verfressene Clicker-Monster haben wir bereits ausführlich gesprochen. So kannst du unhöfliches Verhalten deines Pferdes vermeiden:

1. Sei schneller! So gibst du dem Pferd erst gar nicht die Gelegenheit, unhöfliches Verhalten zu zeigen!

2. Geh einen Schritt zurück oder zur Seite und bring so mehr Abstand zwischen dich und dein Pferd. Sobald dein Pferd wieder ruhig steht und nicht nach dir oder deiner Leckerlitasche giert, gehst du wieder auf normalen Abstand.

3. Nutze die negative Strafe! Nimm das Target aus dem Sichtfeld des Pferdes und dreh dich komplett weg oder verlasse den Trainingsort. Damit entziehst du dem Pferd jegliche Möglichkeit einer Belohnung. Sobald sich dein Pferd wieder höflich benimmt, gehst du die Übung wieder an.

4. Stets gilt: Präsentiere das Target erst dann, wenn dein Pferd höflich ist!

3. Dein Pferd beißt in den Ball

Manche Pferde kommen auf die Idee, in den Ball des Sticks zu beißen, statt ihn mit der Nase zu stupsen. Hier helfen dir folgende Ideen:

1. Du belohnst es nicht, wenn dein Pferd in das Target beißt oder danach schnappt. Das bedeutet: Für das Beißen gibt es niemals einen Click!

2. Du entfernst das Target sofort, wenn dein Pferd beißt oder schnappt, und beginnst von Neuem. Du arbeitest damit mit der negativen Strafe.

3. Du präsentierst das Target eher von oben, sodass es für das Pferd schwerer wird, zu beißen.

NUTZEN FÜR MEIN PFERD

Zugegeben: Erst einmal investierst du viel Zeit und Leckerli in eine banal anmutende Übung. Es ist aber richtig

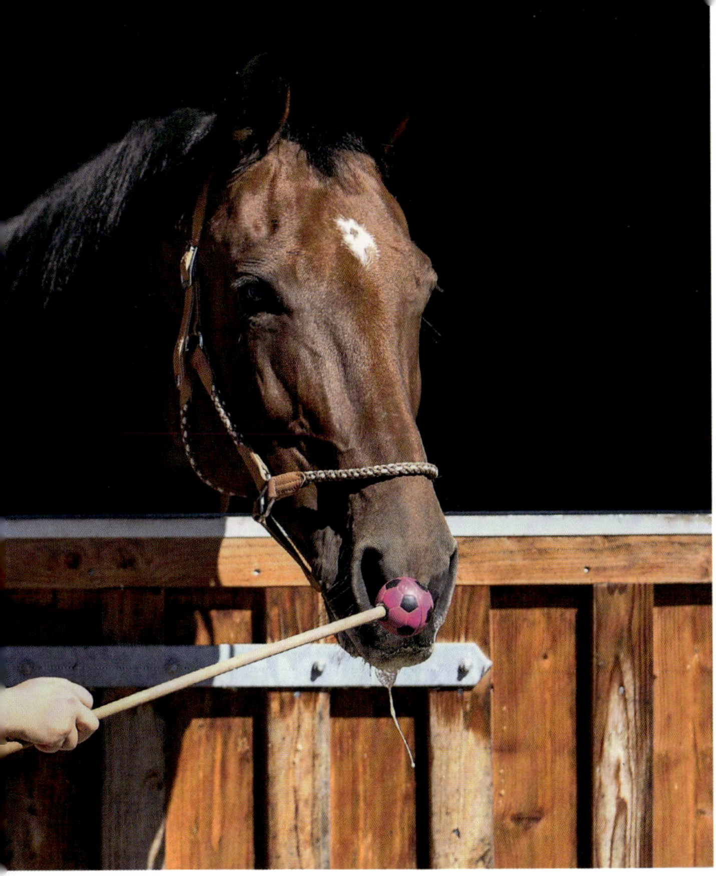

Manche Pferde verstehen die Übung besser, wenn der Stick frontal präsentiert wird, bei anderen funktioniert es besser, wenn der Stick leicht von oben gezeigt wird.

und wichtig, so viel Energie in diese Basisübung zu stecken. Denn mit ihr legst du den Grundstein für alle folgenden Target-Übungen. Wer hier schlampig ist, macht sich das Leben unnötig schwer – denn spätestens, wenn du zu komplexeren Aufgaben übergehst, rächen sich Unaufmerksamkeiten, die dann mit viel Mühe „austrainiert" werden müssen.
Wir nehmen uns viel Zeit für diese Übung: Was macht die Target-Übung also zum Tausendsassa für dich und dein Pferd?

ZUSAMMENGEFASST:

Dein Pferd wird auf den Clicker konditioniert – es lernt das Clicker-Vokabular.

1. Du kannst in geschütztem Raum deine Trainerfähigkeiten entwickeln.
2. Dein Pferd lernt außerdem, sich auf einen kleinen Ball zu konzentrieren und dabei höflich zu bleiben.
3. Das Targettraining hilft dir bei weiteren Übungen. Später können wir das Pferd so z. B. in Bewegung bringen, anhalten, andere Targets (z. B. Körpertargets) einführen oder komplexe Aufgaben trainieren.

Übung 2:

Mit dem Targetstick zum Kuss

> **Aufgepasst!**
> Die Target-Übung wird zum Pferde-Yoga ausgebaut: Du schulst damit die Geschmeidigkeit und Bewegungsintelligenz deines Pferdes ganz spielerisch!

Targettraining ist Köpfchentraining. Das Folgen eines Targets kann aber auch der körperlichen Fitness dienen. Mit „Küss deine Flanke“ und „Küss dein Knie“ starten wir ins Pferde-Yoga – ganz unkompliziert und mit viel Spaß. Das Beste daran? Weil dein Pferd den Targetstick bereits kennt, kannst du den Trainingsaufbau des „Küssens“ ruckzuck trainieren.

DARUM GEHT ES

Dein Pferd lernt mithilfe des Targetsticks, die Nase zur Flanke bzw. zum eigenen Knie zu bewegen. Dabei steht es mit allen vier Beinen statisch, während allein Hals und Kopf dem Targetstick bis zur Flanke bzw. dem Knie folgen. Am Ende sieht der Bewegungsablauf dann ein wenig so aus, als würde dein Pferd seine Flanke bzw. sein Knie küssen – daher der Name der Übung.

EQUIPMENT

- Ein Targetstick
- Für die Aufbauübung: eine (faltbare) Turnmatte

VORBEREITUNG

Dein Pferd kann die Basisübung Targetstick sicher ausführen? Prima – mehr Vorbereitung brauchst du gar nicht.

GRUNDÜBUNG

Dein Pferd kennt den Targetstick bereits aus der Grundübung. Für die Kuss-Übung musst du deine Position zum Pferd ändern und ein besonderes Augenmerk darauf legen, dass dein Pferd seine Beine nicht berührt.

1

1 Die eigene Position ist entscheidend für die Übung.

2 Der Targetstick wird an der Flanke positioniert.

2

DEIN FAHRPLAN FÜR DIE KUSS-ÜBUNG:

1. Du stehst seitlich neben dem Pferd, auf Höhe der Flanke oder Kruppe.
2. Der Stick wird erst so präsentiert, dass dein Pferd den Kopf nur ein klein wenig zur Seite drehen muss.
3. Anschließend präsentierst du den Targetstick immer ein Stückchen weiter Richtung Flanke bzw. Knie.
4. Der Futterpunkt liegt seitlich neben dem Pferd.

1. Deine Position

Deine Position ist seitlich neben dem Pferd: Du stehst zwischen Flanke und Kruppe. In der Hand, die zur Pferdenase hinzeigt, hältst du den Targetstick.

2. So präsentierst du Stick und Futter

Du hältst den Targetstick zunächst in der Nähe der Pferdenase und zwar so, dass dein Pferd seinen Kopf nur ein wenig (ca. 5 cm) zur Seite drehen muss. Sobald dein Pferd den Targetstick mit der Nase berührt, heißt es für dich Click + Futter. Der Futterpunkt, d. h. der Punkt, an dem du das Futter präsentierst, stellt besonders bei dieser Übung ein sehr effektives Trainingstool dar. Als Energiesparer

Praxistipp

Stell dein Pferd am besten so auf, dass es mit einer Seite eine natürliche Begrenzung hat – z. B. den Reitplatzzaun. Dadurch vermeidest du, dass es zur Seite „ausbricht".

wird dein Pferd seinen Kopf gerne dort behalten, wo ihm Futter gereicht wird. Dieses Wissen kannst du dir zunutze machen und die Leckerli dort präsentieren, wo sich der Ball des Targetsticks befunden hat: seitlich neben dem Pferd. Das sorgt dafür, dass sich der Kopf deines Pferdes stetig auf die Seite orientieren und bewegen wird.
Mit diesem Vorgehen arbeitest du dich im 5-cm-Abstand weiter zur Flanke und später bis hin zum Knie.

3. Darauf achtest du besonders

Um den besten Yoga-Effekt für dein Pferd zu erzielen, musst du nicht nur auf Kopf und Hals deines Pferdes, sondern auch auf seine Beine achten: Wenn sich ein Bein bewegt, wird nicht geclickt! Dein Pferd soll nämlich mit allen vier Beinen stehen bleiben. Du markierst nur gewünschtes Verhalten mit dem Click, d. h. dein Pferd wird nur belohnt, wenn seine vier Beine unbewegt bleiben und sich allein Hals und Kopf bewegen.
Sind diese Voraussetzungen gegeben, kannst du damit beginnen, die sogenannte „Dauer" auf dem Verhalten aufzubauen. Das bedeutet: Dein Pferd soll den Stick nicht nur kurz anstupsen, sondern für einige Augenblicke mit der Nase am Ball verweilen. Vielleicht kennst du eine ähnliche Übung bereits: Einige Pferdebesitzer locken ihr Pferd mit einer Karotte in die seitliche Dehnung. Meist schnellt der Pferdekopf nach hinten, das Pferd greift sich blitzschnell die Karotte und schwups – ist der

Achte auf die körperlichen Voraussetzungen deines Pferdes! Einem „Oldie" wie Shetlandpony Blümchen fällt die Übung bedeutend schwerer als Youngster Lilly.

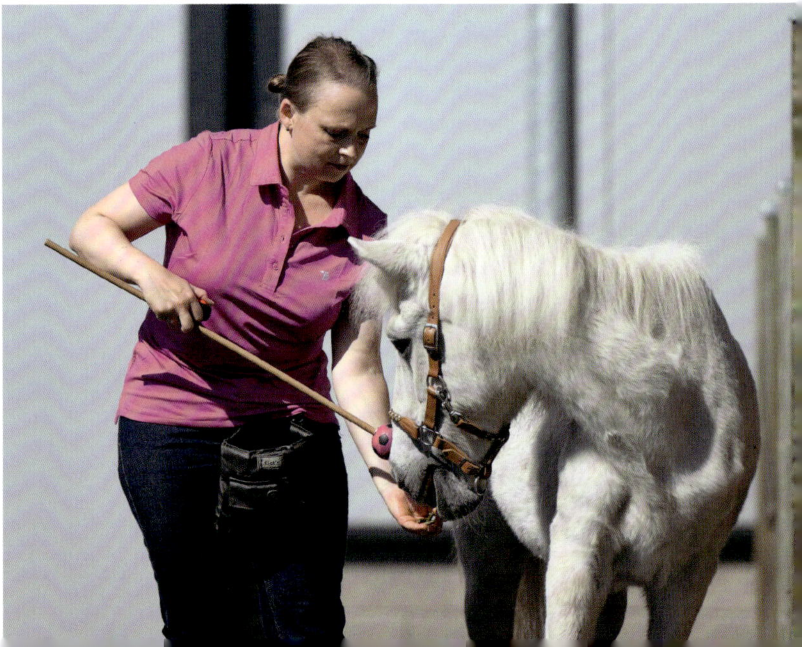

Kopf auch schon wieder nach vorne geschnellt. Dehnung und Biegung finden damit relativ ruckartig statt, was für den Pferdekörper suboptimal ist. Genau deswegen sorgst du dafür, dass dein Pferd einige Sekunden in der Dehnung bleibt! Das erreichst du, indem du kurz wartest, bevor du clickst. Um Belohnungsrate sowie Motivation deines Pferdes angemessen hochzuhalten, meint „kurz“: 1 – 2 Sekunden. Beim nächsten Mal clickst du sofort wieder, sobald die Nase deines Pferdes am Ball ist. Du wechselst das kurze Zögern bis zum Click und das sofortige Clicken so ab, dass es für dein Pferd völlig unvorhersehbar ist, wann es sofort und wann es nach kurzem Zögern belohnt wird. Funktioniert dieses Vorgehen fehlerfrei, steigerst du die Zeit bis zum Click auf 2 – 3 Sekunden und gehst wie beschrieben vor. So kannst du Dauer aufbauen. Aber übertreib es bitte nicht dabei. Diese Übung ist durchaus anstrengend für dein Pferd, vor allem auf seiner „schlechten“ Seite.

YOGIS AUF VIER HUFEN!

Pferde-Yoga ist Gymnastik pur! Wie immer im Training, sollte die Übung nicht nur auf einer Pferdeseite trainiert werden. Um das Pferd allerdings nicht zu verwirren, startest du trotzdem mit nur einer Seite. Sobald die Übung auf der einen Seite gut funktioniert, startest du mit dem Training der anderen Seite.

TROUBLESHOOTING: WAS TUN, WENN?

Es ist noch kein Pferde-Yogi vom Himmel gefallen. Hier sind einige Tipps, damit die Yoga-Einheit zum vollen Erfolg wird:

1. Mein Pferd bewegt seine Beine und dreht sich mit dem ganzen Körper

Deine Trainingsschritte sind zu groß! Überlege genau: Bis zu welcher Stelle konntest du den Targetstick präsentieren, ohne dass sich die Pferdebeine bewegt haben? Gehe zu diesem Punkt zurück und baue erst einmal dort Dauer auf. Vielleicht ist eine weitere Dehnung (noch) zu anstrengend für dein Pferd.

Wenn es nicht an den körperlichen Voraussetzungen liegt, kann deinem Pferd eine seitliche Begrenzung zur Orientierung helfen. Trainiere am Reitplatzzaun oder an der Bande: Dein Pferd steht mit der Körperseite, die gedehnt werden soll, parallel zu Zaun oder Wand.

2. Mein Pferd lässt seine Nase nicht am Ball

Dein Pferd kann mit seiner Nase nicht am Stick verweilen? Dann musst du weitertrainieren, denn das Verhalten „Berühre mit der Nase den Targetstick“ ist dann noch nicht hinreichend verstärkt. Mit Geduld und zunehmender Anzahl der Trainingseinheiten wird sich das Problem aber von alleine lösen!

NUTZEN FÜR MEIN PFERD

Dein Pferd wird zum Konzentrationsprofi, wenn es unter körperlich anstrengenden Umständen einem kleinen Ball folgt. Diese Yoga-Übung ist außerdem gut für den Pferdekörper: Sie lockert den Rücken und sorgt für eine geschmeidige Biegung. Der Übergang vom Hals zur Schulter wird gymnastiziert und dein Pferd lernt, Teilkörperbewegungen gezielt auszuführen.

Übung 3:

Farbenspiele

Bei den Farbenspielen wird es richtig kniffelig für dein Pferd! Höchste Konzentration ist gefragt, wenn dein Pferd trainiert, nur auf eine Farbe zu reagieren. Das Pferd lernt bei dieser Übung, Farben zu diskriminieren, d. h. Farben zu unterscheiden. Ziel der Übung ist, dass dein cleverer Schlauberger eine Reihe verschiedenfarbiger Gegenstände vor sich hat und genau erkennt, welche Farbe zur Belohnung führt!

Aufgepasst!

Bei den Farbenspielen lernt dein Pferd, auf eine ganz bestimmte Farbe zu reagieren. Das schult Konzentration und Gedächtnis und erfordert präzise ausgeführte Bewegungen!

DARUM GEHT ES

Dein Pferd lernt, in einer Blumentopfreihe ausschließlich den Topf einer bestimmten Farbe zu stupsen, und zwar unabhängig davon, in welcher Position dieser Topf steht. Konkret lernt das Pferd: „Stupse immer nur den gelben Topf, egal, ob der Topf in der Reihe links, rechts oder in der Mitte steht." Du kannst auch eine andere Farbe als Gelb trainieren, allerdings solltest du das Sehvermögen deines Pferdes bei deiner Farbentscheidung berücksichtigen.
Pferde können fast das gesamte für Menschen sichtbare Farbspektrum wahrnehmen. Allerdings tun sie es in anderen Farbtönen als der Mensch, da sie nur zwei Zapfentypen besitzen. Zapfen sind die lichtempfindlichen Zellen in der Netzhaut des Auges. Das Pferd sieht seine Umwelt anders als wir Menschen, in Blau und gelblich-grünen sowie Grautönen. Daher können Pferde Farben wie Blau und Gelb am besten sehen.

EQUIPMENT

– Drei Blumentöpfe in deutlich zu unterscheidender Farbe

Ein hellblauer, blassblauer und dunkelblauer Topf machen es dem Pferd viel schwerer als ein gelber, blauer und pinker Topf! Achte auf eine geeignete Farbauswahl.

1

Praxistipp:

Am besten eignen sich Blumentöpfe aus Metall. Plastiktöpfe oder -becher werden schnell vom Wind bewegt oder gar weggepustet!

Rückenschonend für den Menschen ist die Übung, wenn die Töpfe auf einem kleinen Tisch, einer Bank oder Ähnlichem stehen. Steht nichts dergleichen zur Verfügung, werden die Töpfe einfach auf den Boden vor das Pferd gestellt.

1 Zunächst muss dein Pferd lernen, den gelben Topf zu stupsen.

2 Achte darauf, dass du die Position des Topfes auf dem Tisch immer wieder veränderst.

2

VORBEREITUNG

Dein Pferd sollte die Targetstick-Übung sicher beherrschen. So hat es bereits eine sehr konkrete Idee vom Targettraining. Nun suchst du dir eine der drei Farben aus, die das Pferd am Ende immer wählen soll. Lilly wird auf die Farbe „Gelb“ trainiert.

Du gehst nun exakt so vor wie bei der Targetstick-Übung, benutzt allerdings statt des Sticks den gelben Blumentopf. Dabei solltest du besonderes Augenmerk auf folgende Punkte legen:

– Dein Pferd stupst den Topf sachte an. Wird mit zu viel Schwung gestupst, fliegen am Ende alle Töpfe vom Tisch.

1

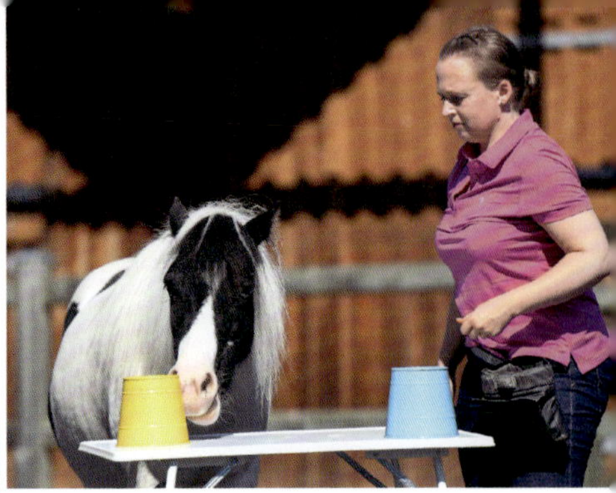

2

1 Zu Beginn steht der gelbe Topf an der für das Pferd leichter zu erreichenden Position.

2 Anschließend tauschst du die Position der beiden Töpfe immer wieder.

– Du präsentierst den gelben Topf an verschiedenen Positionen, d. h. nicht nur frontal, sondern auch seitlich. Trainierst du mit einem Tisch, heißt das: Der gelbe Topf steht einmal in der Mitte, in der linken oberen Ecke, in der rechten unteren Ecke usw. Am Ende sollte dein Pferd den gelben Topf stupsen, egal wo auf dem Tisch er steht.

GRUNDÜBUNG

Stupst dein Pferd den gelben Topf sicher, sachte und überall auf dem Tisch an, kommt der zweite Blumentopf ins Spiel – in unserem Beispiel der blaue:

Du stellst beide Töpfe auf den Tisch. Dabei solltest du darauf achten, dass der blaue Topf bei den ersten Versuchen noch recht weit von der Pferdenase entfernt ist: Der gelbe Topf sollte bequem für dein Pferd erreichbar sein, der blaue hingegen steht so, dass dein Pferd seinen Hals schon etwas strecken müsste. Das hat einen einfachen Hintergrund: Pferde sparen gerne an körperlicher Energie. Sie werden den Topf stupsen, der einfacher zu erreichen ist. So vermeidest du Fehler in einer neuen Situation und kannst die Belohnungsrate hochhalten. Wichtig ist dennoch: Sobald dein Pferd frisst, wechselst du die Position der Töpfe. Der gelbe Topf wird ebenso wie der blaue Topf immer wieder um ein paar Zentimeter verschoben.

Funktionieren 10 Durchgänge fehlerfrei, beginnst du, den blauen Topf Stück für Stück näher an den gelben Topf zu bringen. Auch dabei werden die Positionen der Töpfe zueinander immer wieder verändert: Mal steht der blaue Topf links vom gelben, ein andermal rechts davon. So trainierst du, bis beide Töpfe in einer Reihe stehen können, ohne dass dein Pferd einen Fehler macht, d. h. den blauen Topf stupst.

Passieren denn so überhaupt keine Fehler? Doch – bestimmt. Hältst du dich an die Trainingsregeln, wird dein Pferd trotzdem schnell lernen, ausschließlich den gelben Topf zu stupsen:

3

– Du belohnst kein unerwünschtes Verhalten: Sobald dein Pferd den blauen Topf stupst, gibt es weder Click noch Futter!
– Stupst dein Pferd wiederholt den blauen Topf, nimmst du den gelben Topf vom Tisch. Mit dieser negativen Strafe entziehst du dem Pferd die Möglichkeit der Belohnung. Erst wenn dein Pferd ca. 2 – 3 Sekunden ruhig vor dem Tisch stehen bleibt, ohne Anstalten zu machen, den blauen Topf zu stupsen, stellst du den gelben Topf wieder auf den Tisch!

Sobald diese Übung mit zwei Farben gut funktioniert, kannst du den dritten (und vierten, fünften usw.) Topf einführen. Hier gehst du ganz genauso vor.

AUFBAUÜBUNG – VARIATIONEN

Unterscheidungsaufgaben funktionieren nicht nur mit Farben, sondern auch mit Formen! Statt farbigen Töpfen können z. B. Papierbuchstaben oder Kuscheltiere verwendet werden. Die Aufgabe lautet dann „Stups nur den Papierbuchstaben Y!“ oder „Stups nur den Kuschelhasen!“.

NUTZEN FÜR MEIN PFERD

Das Pferd lernt nicht nur Farben oder Dinge zu unterscheiden. Es lernt vor allem, sich auf eine kniffelige Aufgabe zu konzentrieren, dabei still zu stehen und nur kleine, gezielte Bewegungen mit Hals und Kopf auszuführen. Das schult den Pferdekopf und wirkt sich positiv auf einen ruhigen Umgang im Alltag aus!

4

3 Der dritte Topf kommt erst dann ins Spiel, wenn dein Pferd die Übung mit zwei Farben sicher beherrscht.

4 Auch mit drei Töpfen gilt: Die Position des gelben Topfes muss immer wieder verändert werden.

Weitere Target-Ideen

Hat das Pferd einmal die Idee des Targets verstanden, lassen sich viele Ideen umsetzen! Der Targetstick kann z. B. dazu dienen, das Pferd durch einen Parcours oder in den Anhänger zu lotsen. Der Stick kann ebenfalls für weitere Dehnübungen genutzt werden: Bleibt das Pferd mit allen vieren stehen, kann der Stick dafür sorgen, dass dein Pferd den Hals nach oben streckt oder den Kopf wie beim Plié zwischen die Vorderbeine nimmt. All das kann passieren, wenn das Pferd dem Targetstick folgt. Deiner Kreativität sind hier keine Grenzen gesetzt.

1. – 2.

Folgt dein Pferd dem Targetstick, kannst du es so auf unbekannten Untergründen – wie z. B. einer Turnmatte – positionieren.

3.

Auch eine Tischklingel kann zum Target werden!

4.

Der Targetstick kann helfen, die Übung „Kopf tief" zu trainieren.

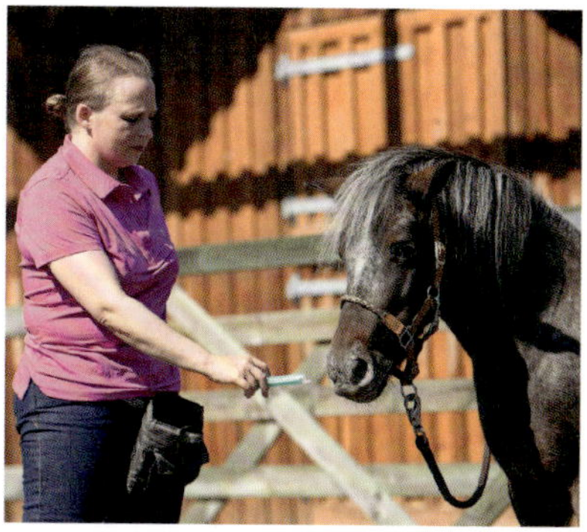

5. - 6.

Vermeintlich unangenehme Dinge wie eine Spritze können ebenfalls zum Target werden – das erleichtert den gemeinsamen Alltag ungemein!

BEWEGUNGS-INTELLIGENZ FÖRDERN

BEWEGUNG HÄLT KOPF UND KÖRPER FIT!

Mit einfachen Mitteln lassen sich clevere Übungen umsetzen, die Kopf und Körper deines Pferdes trainieren.

Übung 4:

Multitalent Koordinationsleiter

Alle Übungen zur Bewegungsintelligenz lassen sich prima ohne Futterbelohnung trainieren. Wer sie dennoch clickern möchte, kann dies selbstredend tun. Wir starten mit einer Übung, die aus dem Humansport nicht mehr wegzudenken ist: der Koordinationsleiter!

DARUM GEHT ES

Auch im Pferdetraining können wir die Idee der Koordinationsleiter ein wenig abgewandelt umsetzen und davon profitieren. Mit dem cleveren Übungsaufbau werden verschiedene koordinative Fähigkeiten des Pferdes trainiert. Das Beste an dieser Übung? Sie lässt sich an die Bedürfnisse von Mensch sowie Pferd anpassen und vielfach variieren! Die Koordinationsleiter ist damit ein wahres Multitalent, die jedes Training gewinnbringend ergänzen kann und zudem das Körpergefühl des Pferdes schult.

KOORDINATION VERBESSERN!

Bei der Koordinationsleiter wird der Trainingsfokus auf das gezielte Absetzen der Pferdebeine gesetzt. Das Pferd übt so, seine Hufe kontrolliert in kleineren und größeren Bewegungen zielgerichtet abzusetzen. Diese Fähigkeiten sind besonders wichtig, wenn man einen sicheren Ausreitpartner haben möchte.

Bei den Varianten für Fortgeschrittene kommen zudem ungewohnte und instabile Untergründe ins Trainingsspiel. Das Pferd lernt nicht nur neue Oberflächen und Untergründe kennen – durch den mehr oder weniger „wackeligen" Untergrund wird auch der Gleichgewichtssinn des Pferdes spielerisch gefördert.

Das Pferd wird zur Vorbereitung über die nicht erhöhten Stangen geführt.

EQUIPMENT

– Grundübung: fünf Bodenarbeitsstangen
– Aufbauübung: zusätzlich drei Matten – z. B. Gymnastikmatten, Kinder-Turnmatten oder Fallschutzmatten aus dem Baumarkt

VORBEREITUNG

Vier Bodenstangen werden in gleichem Abstand zueinander ausgelegt. Der Abstand sollte zur Pferdegröße passen. Als Richtwert gilt: ca. eine Pferdeschrittlänge!
Um das Pferd an die Übung zu gewöhnen, wird es zunächst 4- bis 5-mal im Schritt über die Stangen geführt.

Anschließend werden die Stangen auf einer Seite erhöht. Diese Optik ähnelt einer Leiter.

GRUNDÜBUNG

Je nach Schwierigkeitsstufe liegt die „Erhöhungsstange" auf Cavalettiblöcken, sodass sich eine Gesamthöhe zwischen 5 und 20 cm ergibt. Auch hier führst du das Pferd im Schritt über die Stangen. Nachdem das Pferd die vier Stangen passiert hat, wird es ganze Bahn geführt und die Übung beginnt von Neuem. Insgesamt sollte das Pferd fünfmal in Folge über die Stangenkombination geführt werden.

AUFBAUÜBUNGEN

In die Zwischenräume der Stangen werden verschiedene instabile Untergründe in Form von Matten gelegt. In dieser Aufbauübung gehst du wie in der Grundübung vor. Funktioniert all das prima? Dein Pferd stößt beim Übertreten nicht an die Stangen und zeigt keine Stressreaktionen? Dann kannst du die Aufbauübung für Fortgeschrittene trainieren:
Über die erste Stange wird die Bewegung des Pferdes „zerstückelt“: Das Pferd wird für jeweils 5 Sekunden angehalten, wenn der erste Vorderhuf und im Anschluss der zweite Vorderhuf die Stange übertreten hat. Die

Praxistipp:

Um die besten Ausgangsvoraussetzungen für das Pferd zu schaffen, achtest du darauf, dass du deinen Vierbeiner mindestens 4 bis 5 Meter geradeaus führst, bevor ihr die erste Stange passiert. Führst du das Pferd aus der Kurve heraus an die Stangen-Kombination, wird es für dein Pferd unnötig schwierig: Die Wahrscheinlichkeit, dass es beim Übersteigen die erste Stange mit dem Huf trifft, steigt immens!

1 Eine Seite der Stangen ist nun erhöht.

2 In einem Zwischenraum liegt nun eine Turnmatte als instabiler Untergrund. Das fordert das propriozeptive System.

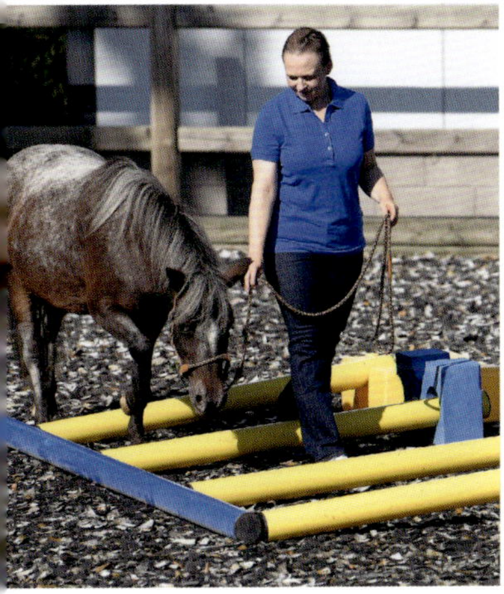

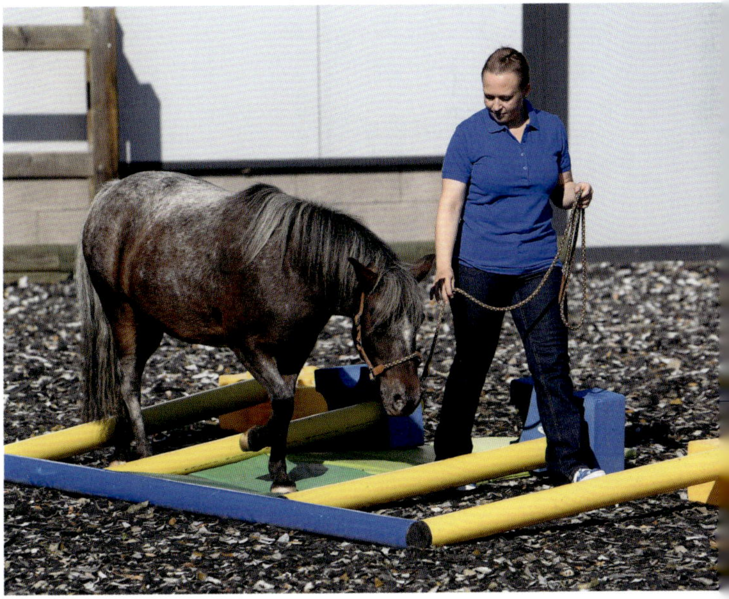

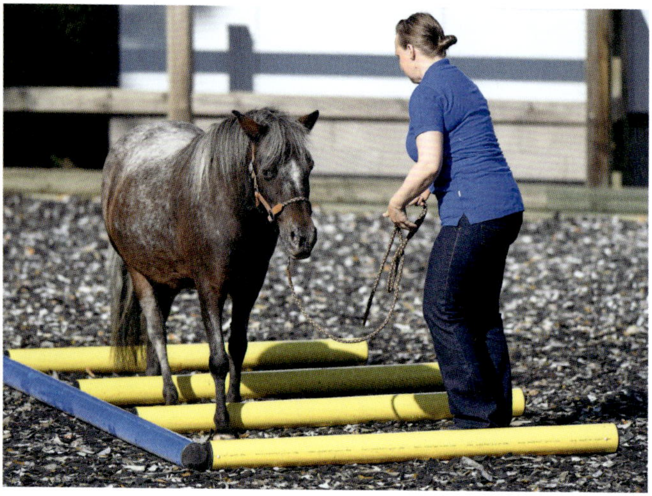

1

2

beiden folgenden Stangen werden ohne Unterbrechung übertreten. Bei der letzten Stange wird wiederum die Bewegung zerstückelt, diesmal allerdings mit den Hinterbeinen.

TROUBLESHOOTING: WAS TUN, WENN?

Die Koordinationsleiter ist keine einfache Aufgabe für dein Pferd. Daher gibt es Lösungsideen für die häufigsten Probleme:

Das Pferd stößt ständig an die Stangen

Deine Anforderungen sind zu hoch! Vergrößere den Abstand zwischen den Stangen auf die doppelte Pferdeschrittlänge und beginne mit zwei Stangen, deren Erhöhung bei ca. 5 cm liegen sollte.

Mein Pferd ist auf den Matten gestresst

Der Untergrund ist zu instabil! Versuch es mit einer festeren Matte und nutze zunächst nur eine Matte!

Das Pferd lässt seine Bewegungen nicht zerstückeln

Mach es dem Pferd einfacher! Halte erst an, wenn beide Vorderhufe (bzw. Hinterhufe) über die Stange getreten sind. Funktioniert das, versuchst du es wiederum mit jedem Huf einzeln.

NUTZEN FÜR MEIN PFERD

Das Überteten der erhöhten Stangen lockert den Rücken deines Pferdes. Durch die „schräge“ Erhöhung ent-

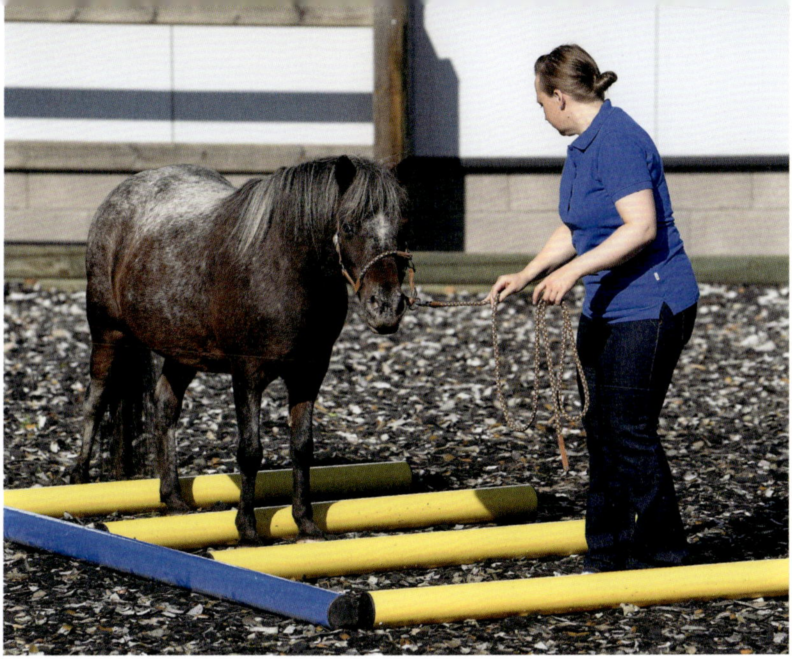

3

steht eine Winkelung, die deinem Pferd beibringt, Abstände und Höhen der Stangen einzuschätzen und die Kraft sowie Weite der eigenen Bewegung passend dazu auszuführen. Das Übersteigen der Stangen fördert die Rhythmisierungsfähigkeit, d. h. die Fähigkeit, den durch die Stangen vorgegebenen Rhythmus zu erfassen und motorisch umzusetzen. Das Laufen über und Stehen auf einem forminstabilen Untergrund (Matte) fördert die Balance. Das Zerstückeln der Bewegung sorgt für eine gute kinästhetische Differenzierungsfähigkeit, also die Kompetenz des Pferdes, einzelne Bewegungsphasen und Bewegungen präzise auszuführen.
Im Alltag sind all diese Punkte wichtig für dich und dein Pferd: Der Takt deines Pferdes wird so geschult, dein Pferd lernt, auf den Boden zu achten, und alle Kompetenzen, die geschmeidiges Reiten, stressfreies Ausreiten und Springen ermöglichen, werden trainiert!

WEITERE IDEEN FÜR DEN PLATZ ZWISCHEN DEN STANGEN

Die Koordinationsleiter kann mit vielen Tools „befüllt“ werden. Je abwechslungsreicher die Untergründe zwischen den Stangen sind, desto mehr wird das Pferd in seiner Bewegungsintelligenz gefordert und gefördert. Du kannst z. B. die Matten variieren, stapeln oder statt der Matten eine Plane oder einen kleinen Wassergraben verwenden.

1 Geübte Pferde können ihre Bewegungen zerstückeln. Funktioniert das bei erhöhten Stangen noch nicht, lohnt sich ein Schritt zurück zur nicht erhöhten Version.

2 Besonders kniffelig wird es, wenn die Bewegung auf der Turnmatte zerstückelt wird.

3 Ein Zwischenschritt kann darin liegen, erst einmal anzuhalten, sobald beide Vorderbeine über die Stange getreten sind.

Übung 5:

Proprio-Pylonen-Straße

Bei der Proprio-Straße legen wir den Fokus auf die Propriozeption oder Tiefensensibilität. Zur Erinnerung: Hier geht es um die Eigenwahrnehmung. Die Sinnesleistung Propriozeption umfasst die Wahrnehmung der eigenen Körperbewegung und -lage im Raum, ermöglicht dem Pferd eine adäquate Kraftdosierung und befähigt es zu koordinierten Bewegungen.

DARUM GEHT ES

Das Pferd meistert eine Straße, auf der es Pylonen übersteigen muss. Die Pylonen werden in unterschiedlichen Varianten auf den Boden gelegt. Dein Pferd lernt, diese Hindernisse sicher zu übersteigen.

EQUIPMENT

– 8 – 10 splittersichere Pylonen

VORBEREITUNG

Die Pylonen werden als Paare zu einer Straße gelegt: Leg die Pylonen so um, dass sich die Spitzen berühren. Zwischen den einzelnen Pylonen-Paaren sollte eine Pferdeschrittlänge Abstand sein.

GRUNDÜBUNG

Führe dein Pferd am lockeren Strick im Schritt durch die Proprio-Pylonen-Straße. Ist dein Pferd fünfmal durch die Pylonen-Straße gelaufen, veränderst du den Aufbau der Straße

Körperklaus war gestern! Mit dieser Übung werden kleine und große Tollpatsche zu trittsicheren und balancierten Sportlern!

Das Pferd soll stressfrei über die Pylonen-Hindernisse laufen.

ein klein wenig, indem du die Abstände zwischen den Pylonen-Paaren ein wenig vergrößerst oder verkleinerst, und wiederholst die Übung weitere fünfmal.

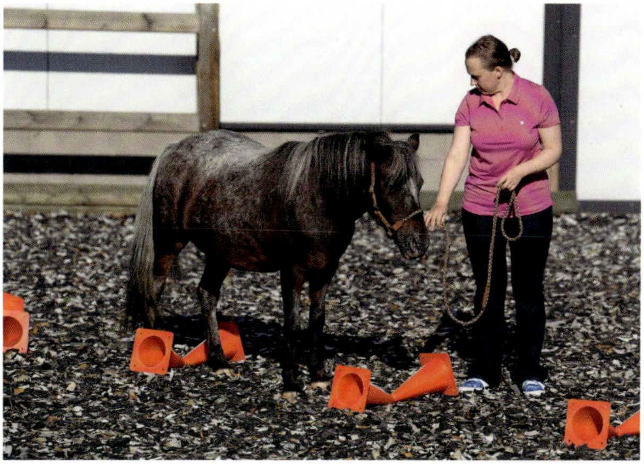

AUFBAUÜBUNG

Kann dein Pferd die Straße stressfrei und ohne die Pylonen-Paare zu berühren meistern, zerstückelst du die Bewegung deines Pferdes, indem du es bei jedem Pylonen-Paar für 3 Sekunden anhalten lässt, sobald es jeweils ein Bein darüber gesetzt hat.

TROUBLESHOOTING, WAS TUN, WENN?

Hier gilt dasselbe wie bei der Koordinationsleiter: Hat dein Pferd Probleme mit der Übung, schraube die Anforderungen zurück, indem du die Hindernisse und die Zerstückelung der Bewegung an das Können deines Pferdes anpasst.

NUTZEN FÜR MEIN PFERD

Hier wird die Koordination geschult: Dein Pferd muss die Pylonen in unterschiedlichen Winkelungen übersteigen, dabei den Muskeltonus schnell anpassen und die Hufe ganz gezielt absetzen. Für alle Pferde, die beim Longieren über Trabstangen ständig an die Stangen stoßen, die generell Probleme beim Tempi- und Gangartwechsel beim Longieren oder unter dem Sattel haben, oder für Pferde, die immer ein wenig „tollpatschig" wirken.

WEITERE IDEEN FÜR DIE PROPRIO-PYLONEN-STRASSE

Die Proprio-Pylonen-Straße lässt sich wunderbar mit der Koordinationsleiter kombinieren – allerdings erst, wenn beide Übungen für sich inklusive der jeweiligen Aufbauübungen einwandfrei funktionieren! So kann zwischen den Pylonen-Paaren eine Matte positioniert werden oder in der Koordinationsleiter statt einer Matte ein Pylonen-Paar oder – für sehr fortgeschrittene Pferde – es kann ein Pylonen-Paar auf eine Matte gelegt werden. Die Kombinationsmöglichkeiten sind unerschöpflich. Je abwechslungsreicher, desto besser: So werden neue Synapsen im Pferdegehirn geschaffen!

1 Das Zerstückeln der Bewegung ist ein effektives Trainingstool für ein besseres Körpergefühl.

2 Die Pylonen werden in unterschiedlichen Winkelungen überstiegen – das schult die Koordination!

Übung 6:

Slalom mit Steigung!

Geschmeidigkeit ist gefragt!

Koordinierte Beinarbeit und geschmeidige Biegsamkeit werden hier spielerisch trainiert!

Slalom ist bestimmt schon (fast) jeder Pferdebesitzer mit seinem Vierbeiner gelaufen. Und das ist auch gut so – denn die Übung ist perfekt geeignet für Bewegungs-Schlaufüchse!

DARUM GEHT ES

Das Pferd schlängelt sich durch einen Slalom und übersteigt dabei Bodenstangen. Dabei lernt es, sich zu biegen und zudem zielgenau zu fußen. Das sorgt für gute Koordination und einen besseren Rhythmus.

EQUIPMENT

– 4 große Pylonen und ggf. Slalomstangen
– 3 Bodenarbeitsstangen

VORBEREITUNG

Die 4 Pylonen werden in der Mitte des Reitplatzes auf einer Geraden im Abstand von 3 Metern aufgestellt. Verwendest du Pylonen, die ein Loch in der Spitze haben, kannst du zusätzlich Slalomstangen verwenden. Die Stangen haben einen großen Vorteil: Sie bilden einen visuellen Reiz. Dir und deinem Pferd wird damit die Begrenzung sichtbarer, was im Regelfall zu einer besseren Biegung führt. Die Übung funktioniert aber auch, wenn nur Pylonen verwendet werden.
Du führst dein Pferd zunächst vier- bis fünfmal durch den Slalom. Kann dein Pferd den Slalom stressfrei durchlaufen, steigerst du die Übung, indem du zwischen die Pylonen jeweils eine Bodenstange legst.

GRUNDÜBUNG

Du läufst nun mit deinem Pferd durch den Slalom, wobei ihr die Bodenstangen übersteigen müsst. Das Pferd muss also innerhalb der Biegung eine Stange übersteigen, ohne den Rhythmus zu verlieren. Dabei wird es jedes einzelne Bein in einem anderen Winkel über die Stange setzen müssen – das sorgt für ein prima Training der koordinativen Fähigkeiten.

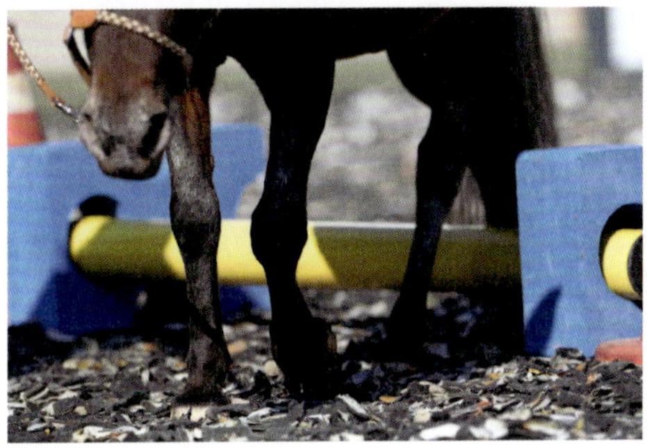

1 Bei der Grundübung sind die Bodenstangen nicht erhöht. Dennoch ist die Übung herausfordernd.

2 Hier muss das Pferd in der Biegung über eine erhöhte Stange laufen.

3 Die Erhöhung sollte gerade zu Beginn nicht zu hoch sein. Die Übung ist schon anstrengend genug – taste dich daher Schritt für Schritt an einen größeren Schwierigkeitsgrad heran.

AUFBAUÜBUNG

Sofern dein Pferd ein Koordinationsprofi ist und diesen Slalom meistert, ohne die Stangen zu berühren, kannst du noch einen Schritt weitergehen: Erhöhe eine oder mehrere Stangen um ca. 5 cm. Das sorgt für noch mehr Anforderungen und koordinativen Input!

TROUBLESHOOTING: WAS TUN, WENN?

Schafft es das Pferd nicht, geschmeidig und ohne an die Stangen anzustoßen, den Slalom zu durchlaufen, verringerst du den Schwierigkeitsgrad: Erhöhe die Abstände zwischen den Pylonen und lege zunächst nur eine Bodenstange aus. Klappt das, fügst du eine weitere Stange und schließlich die dritte Stange hinzu.

NUTZEN FÜR MEIN PFERD

Diese Übung sorgt für eine gute Lateralflexion, also Biegung, und eignet sich daher für alle Fellnasen, die beim Longieren versteifen oder gerne über eine Seite wegdriften. Auch Pferde, die auf der Volte oder im Zirkel gerne den Takt verlieren, profitieren von dieser Slalom-Übung.

Übung 7:

Stangenmikado

Mikado ist ein bekanntes Kinderspiel – den Stangenaufbau können wir im Pferdetraining nutzen. Ganz spielerisch und ohne großen Aufwand können wir mit Stangen den Bewegungsfluss des Pferdes verbessern!

DARUM GEHT ES

Der vierbeinige Sportler übersteigt Stangen, die wie beim Mikado neben- und übereinanderliegen. Dabei muss er seine Beine besonders zielgenau absetzen. Das Stangenmikado ist damit eine anspruchsvolle Übung.

Mikado für mehr Koordination

Extrem koordiniertes Fußen und ein geschmeidiger Bewegungsfluss werden mit Stangenmikado trainiert!

EQUIPMENT

- 5 bis 7 Bodenstangen
- 2 bis 3 Cavalettiblöcke

VORBEREITUNG

Die Bodenstangen werden neben- und übereinandergelegt, die Enden von einigen werden erhöht. So ergibt sich das Bild eines Mikados.

ÜBUNG

Das Pferd wird am lockeren Strick über die Stangen geführt. Ganz wichtig ist dabei: Dein Pferd

1

findet seinen eigenen Weg! Du gibst ihm also nicht vor, über welche Stangen es wo treten soll, sondern begleitest es lediglich. Du wiederholst die Übung auf beiden Händen dreimal.

TROUBLESHOOTING: WAS TUN, WENN?

Stößt dein Pferd ständig an Stangen oder hat sichtlich Schwierigkeiten, einen Weg durch das Mikado zu finden, machst du die Aufgabe leichter: Verwende weniger Stangen, lass die Erhöhungen weg und lass zunächst einen größeren Abstand zwischen den Stangen. Anschließend kehrst du Schritt für Schritt zu einem anspruchsvolleren Mikado zurück. Achte stets darauf, dein Pferd nicht zu überfordern, und trainiere lieber einmal zu viel als zu wenig mit der leichteren Variante.

NUTZEN FÜR MEIN PFERD

Das Pferd muss selbstständig Abstände und Höhen der Stangen einschätzen, die Stangen in verschiedenen Winkelungen übersteigen und seine Beine sehr gezielt absetzen. Die Übung ist daher eine prima Vorbereitung für Geländeritte, sorgt aber mit der Verbesserung des Rhythmus auch für Freude bei Pferd und Reiter, die lieber im Dressurviereck bleiben.

1 Ganz wichtig ist hier, dass sich dein Pferd seinen eigenen Weg durch das Mikado sucht.

2 Dein Pferd läuft daher auch entspannt am lockeren Strick, damit es selbst eine Lösung finden kann.

2

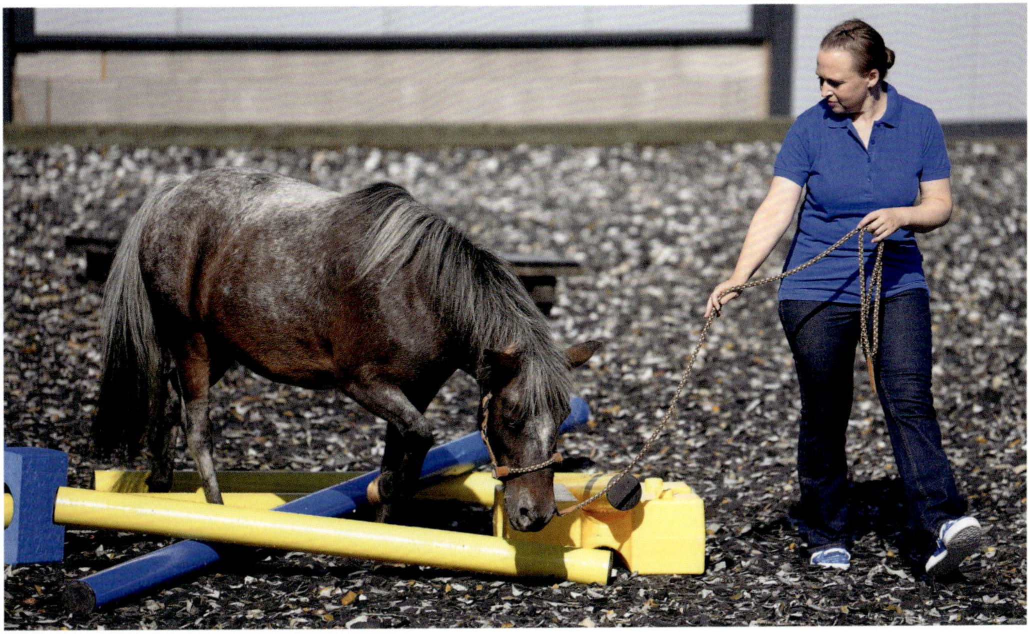

Übung 8:

Eine runde Sache

Bälle sind vielseitige Tools im Werkzeugkasten eines jeden Pferdebesitzers und -trainers. Sie können nämlich nicht nur eine Wellnessbehandlung für dein Pferd sein, sondern das taktile System deines Pferdes schulen.

Oberflächensensibilität

Wo fängt mein Körper an und wo hört er eigentlich auf? Wie genau die eigenen Ausmaße aussehen, lernt dein Pferd mit den Ballspielen.

DARUM GEHT ES

Mit verschiedenen Bällen rollst du dein Pferd ab und sorgst für taktilen Input. Die Sinneszellen der Pferdehaut werden durch die unterschiedlichen Druckreize stimuliert. Das hilft deinem Pferd dabei, seine eigenen Körpergrenzen besser einschätzen zu lernen.

EQUIPMENT

– 3 bis 4 Bälle (z. B. Igelball, Pilatesball, Tennisball)

Du musst nicht extra Bälle kaufen – nutze Bälle, die du ohnehin schon hast.

1

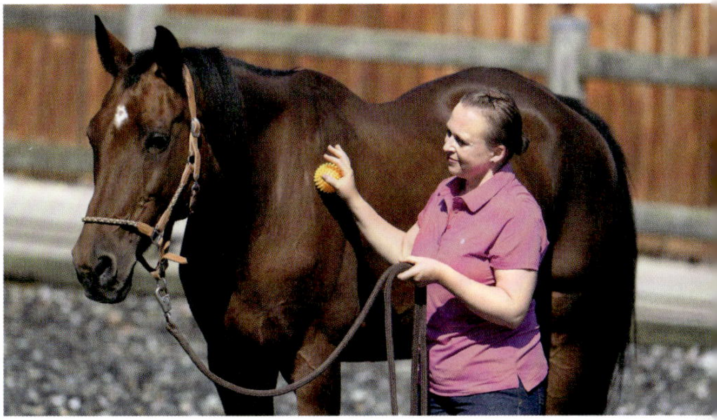

2

GRUNDÜBUNG

Diese Übung braucht keine Vorbereitung – du kannst direkt loslegen: Suche dir einen Ball aus, mit dem du beginnen willst. Rolle den Ball sanft über den Pferdekörper. Dabei beginnst du auf der einen Pferdeseite und arbeitest dich auf die andere vor. Den Pferdekopf und die Wirbelsäule sparst du aus. Du kannst den Druck dabei variieren – nur am unteren Teil der Beine, der sehr schmerzempfindlich ist, verwendest du sehr leichten Druck.
Bist du mit dem einen Ball fertig, greifst du zum nächsten. Dabei beobachtest du dein Pferd stets ganz genau: Wird ihm etwas unangenehm, hörst du sofort auf. Es geht hier nicht darum, dass dein Pferd etwas aushalten muss. Diese Übung solltest du nicht länger als 10 Minuten durchführen.

NUTZEN FÜR MEIN PFERD

Mit dem Abrollen stimulierst du die Pferdehaut, genauer gesagt die sogenannten Mechanorezeptoren, die mechanische Druckreize wahrnehmen. Das schult die Oberflächensensibilität deines Pferdes. Gerade Pferde, die gerne einmal an Heuraufen, Türen oder Durchgängen anstoßen, können Probleme haben, ihre eigenen Ausmaße richtig einzuschätzen. Schlaue Pferdeköpfe wissen aber genau, wie lang, breit und groß sie sind. Darüber hinaus genießen die meisten Pferde diese kleine Wellnessbehandlung sichtlich!

1 Mit sanft kreisenden Bewegungen rollst du dein Pferd ab. Manche Pferde genießen diese Übung sehr und entspannen dabei sichtlich.

2 Egal welchen Ball du verwendest: Beobachte dein Pferd stets genau.

Übung 9:

Auf den Apfel gekommen!

Allein ein Apfel und ein Eimer mit Wasser bringen den Pferdekopf zum Rauchen und du erfährst ganz nebenbei einiges über die Problemlösungsstrategien deines Pferdes!

ERFINDERISCHE SCHLAUKÖPFE!

Bisher ging es um Übungen, in denen wir Menschen das Pferd unmittelbar trainieren. Den Abschluss darf nun eine Übung bilden, in der du dich völlig zurücknehmen darfst. Es ist nämlich spannend zu beobachten, wie erfinderisch Pferde werden können – auch wenn wir Menschen gar nichts bewusst trainieren wollen.

DARUM GEHT ES

Dein Pferd fischt selbstständig einen Apfel aus einem Eimer mit Wasser – und das ist gar nicht so einfach! Du kannst dabei beobachten, wie sich dein Pferd anstellt. Löst es die Aufgabe schnell, langsam oder kann es sie etwa gar nicht lösen? Wirkt dein Pferd dabei neugierig oder ist es schnell frustriert?

EQUIPMENT

– einen oder mehrere Äpfel (je nach Diätplan des Pferdes)
– einen großen Eimer, der ca. ¾ mit Wasser gefüllt ist

FISCHE DEN APFEL AUS DEM EIMER!

Fülle den Eimer zu etwa ¾ mit Wasser und gib den oder die Äpfel hinein. Führe dein Pferd zum Eimer und beobachte das nasse Spektakel! Jedes Pferd liebt Äpfel. Auch dein Pferd wird daher versuchen, die fruchtigen Leckereien aus dem Eimer zu fischen. Ein runder Apfel im Wasser ist aber reichlich glitschig, weshalb es für dein Pferd gar nicht so einfach ist, einen Apfel zu erwischen.

Pferde zeigen hier unterschiedliche Strategien: Die einen schaffen es, den Apfel an den Eimerrand oder auf den -boden zu drücken, und können dann hineinbeißen. Andere werfen den Eimer um und fressen das Obst genüsslich im Trockenen. Das Leertrinken des Wassers kommt ebenfalls vor. Einige Kandidaten sind superfix im Finden einer individuellen Lösungsstrategie, andere sind schnell frustriert und geben auf.

NUTZEN FÜR MEIN PFERD

Diese Übung ist besonders schön, weil sie für unbeschwerte Abwechslung sorgt. Sie ist sicher nicht für den täglichen Einsatz gedacht. An heißen Tagen sorgt sie aber für Spaß – bei Pferd und Mensch. Das Pferd kann sich selbst ausprobieren, der Mensch dabei zusehen und sich erfreuen, wie clever, mutig, neugierig und beharrlich sein Pferd agieren kann. Und auch so darf Training aussehen!

Clevere Taucher!

Welche Strategie nutzt dein Pferd, um möglichst schnell an den Apfel zu kommen? Finde heraus, ob dein Pferd ein geduldiger Stratege oder einfallsreicher Schlauberger ist! Die Neugier deines Pferdes wird belohnt.

1.

Tiefseetaucherin Stella streckt ihren Kopf fast bis zu den Augen unter Wasser, um dann im Anschluss mit viel Gepruste den Apfel zu fischen.

2.

Die vorsichtige Lewitzerstute Piper prüft mit möglichst wenig Körperkontakt das Wasser, um mit zartem Biss den Apfel zu schnappen.

3.

Shetlandpony Blümchen braucht als Motivation sogar zwei Äpfel im Wassereimer. Schließlich packt sie den Apfel beherzt an.

4.

Die mutige Lilly zaudert nicht lange: Sie schiebt den Apfel sofort an den Eimerrand und hat ihn mit einem Haps im Maul.

5.

Auch Shetlandstute Rony nutzt die Taktik, den Apfel an den Eimerrand zu drücken. So kann sie ihn schnell mit den Zähnen greifen.

Übung 10:

Hütchenspiele!

Pferde können sehr einfallsreich werden, wenn es um Futter geht. Auf welche Ideen sie kommen können, erfährst Du bei den Hütchenspielen!

DARUM GEHT ES

Dein Pferd findet selbstständig ein Leckerli unter einer Pylone: Dabei darf es das Hütchen mit der Nase wegschieben, umschubsen oder auch mit dem Bein nachhelfen, um an das Leckerli zu kommen. Ganz egal wie es agiert: Die gewählte Strategie verrät dir etwas über Charakter und Grips deines Pferdes!

EQUIPMENT

- 3 Pylonen
- Leckerli

FINDE DAS LECKERLI!

Du beginnst mit einem Hütchen. Du zeigst deinem Pferd, wie du ein Leckerli unter dem Hütchen versteckst. Anschließend darf das Pferd an das Hütchen treten und versuchen, an das Leckerli zu gelangen. Klappt das fünfmal gut, stellst du drei Pylonen nebeneinander auf – aber versteckst nur unter einem ein Leckerli. Dein Pferd darf nun wiederum auf Leckerli-Suche gehen.

NUTZEN FÜR MEIN PFERD

Hütchenspiele sind ein spaßiger Zeitvertreib für clevere Pferdeköpfe. Aber die Übung bringt nicht nur Freude ins Training: Vorsichtige oder ängstliche Pferde können ganz ohne Druck neue Dinge erkunden und werden dafür belohnt. Das Pferd lernt dabei: Neugier lohnt sich! Ein positiver Nebeneffekt: Der Geruchssinn wird trainiert! Hütchenspiele sind damit ein kurzweiliger, aber sinnvoller Zeitvertreib.

Auf Leckerli-Suche!

Wie geht dein Pferd vor, um möglichst schnell an das Leckerli zu kommen? Hier kannst du den Einfallsreichtum deines Pferdes testen!

1.

Eine saftige Leckerei wird unter dem Hütchen versteckt.

2.

Shetlandpony Blümchen hat den Trick verstanden und steuert zielgenau auf das richtige Hütchen zu.

SERVICE

REGISTER

A
Ablenkung 31 f.
Absperrung 68 f.
Abwechslung 24, 103
Alltag 4 f., 24, 51 f., 83, 85, 93
Amygdala 10
Anfänger 52 f., 56
Anhänger 84
Apfel 49, 102 fff.
Aufbauübung 76, 83, 90 f., 95, 97
Aufmerksamkeit 19, 23 f., 29
Axon 10 f.

B
Balance 21, 23, 93
Ball 21, 56 ff., 60, 65 f., 72 fff., 78 f., 100 f.,
Basissinne 20 f.
Behavioristische Lernmodelle 34
Beinarbeit 96
Beißen 30, 74
Belohnung 37, 45, 47, 48 f., 51, 58, 62 f., 74, 80
Belohnungsrate 58 f., 68, 72, 79, 82
Bewegungsabläufe 9, 20 ff., 76
Bewegungsintelligenz 23, 76, 86, 89, 92 f., 104
Bewegungsökonomie 21
Bewegungstraining 19
Biegung 79, 96 f.
Blumentopf 80 ff.
Bodenstange 90, 96 ff.

C
Cavalettiblock 90, 98
Clicker 5, 43 f., 46, 48-59, 61 f., 64 fff., 69, 71, 75
Clickertraining 38 f., 43ff., 47, 50, 54 f., 60, 64, 66

D
Dauer 78 f.
Dehnung 2, 78 f.
Dendriten 10 f.
Druckreiz 100 f.
Durchgänge 82, 101

E
Eigenwahrnehmung 94
Eimer 102 fff.
Equipment 34, 65, 76, 80, 90, 94, 96, 98, 100, 102, 106
Ermüdung 31

F
Fehlclick 71
Fluchtreflex 10
Futter 36 f., 46 ff., 50 f., 55, 61 f., 66, 68 fff., 73, 77 f., 83, 106
Futtermenge 47
Futterpunkt 69, 72, 77

G
Geruchssinn 107
Gleichgewichtssinn 20, 89
Großhirn 9
Grundübung 76, 82, 90 f., 94, 96 f. 101

H
Hannoveraner 4
Heucobs 48 f.
Hindernis 23, 94 f.
Hebb'sche Lernregel 13
Hunger 69

I
Intelligenz 4 f., 9, 15

K
Karotte 47, 78
Kinästhetische Differenzierungsfähigkeit 23, 93
Kleinhirn 9
Knallfrosch 5, 51, 53, 64, 71
Kommando 11, 35
Kommunikationsmittel 64
Konditionierung 36 ff., 65, 70 f.
Konsequenzen 34, 16 ff., 45, 62
Konzentration 19, 23 f., 29 f., 32, 61, 80
Koordination 9, 15, 18, 20 fff., 95 f.
Koordinationsleiter 89, 91 ff., 95
Körpergrenze 100
Körperhaltung 21 f., 70
Kratzen 46 f.
Kuss-Übung 76 f.

L
Leckerlitasche 39, 44, 48, 54, 65, 70, 72, 74
Lerntheorie 35, 50
Lernutensilien 34
Longieren 95, 97

M
Mandelkern 10
Markersignal 50 f., 53, 62
Markerwort 51 ff.

Matte 21, 34, 76, 84, 90 fff., 95
Mikado 98 f.
Motivation 59, 79, 104
Motorik 19
Muskeln 15, 20, 33

N
Natural Horsemanship 38 f.
Negative Strafe 37 f., 62, 74, 83
Negative Verstärkung 29, 37 f., 43, 62
Nervensystem 10, 20, 22
Nervenzelle 10 fff., 15, 19
Neugier 102, 107
Neuronen 12 f.
Neuroplastizität 13, 15
Nullposition 69 f.

O
Oberflächensensibilität 101
Operante Konditionierung 36 ff., 65, 70 f.

P
Parcours 23, 84
Pause 29 ff., 61, 72
Peitschenschlag 37 f.
Pferde-Yoga 76, 78 f.
Position 69 f., 72, 76 f., 80 ffff.,
Positive Strafe 37 f., 62
Positive Verstärkung 29, 37 f., 51 ff., 55, 62
Praxistipp 47, 66, 78, 81, 91
Primärer Verstärker 45, 51
Propriorezeption 94 fff.
Propriozeptives System 20 f., 91
Pylonen 94 fff., 106

R
Reaktion 11, 20, 30, 35, 37, 52
Rhythmus 23, 93, 96, 99
Rhytmisierungsfähigkeit 23, 93

S
Sehvermögen 80
Sekundärer Verstärker 50 f.
Sensomotorisches Training 19 f., 22 ff.
Sensorik 19
Shetlandpony 4, 48, 57, 78, 104, 107
Sicherheit 34, 68 f.
Sichtfeld 66, 69, 71 f., 74
Slalom 96 f.
Spritze 85
Stammhirn 9
Strategie 4, 102 f., 106
Strafe 36 f.
Stress 30
Synapse 11 f., 19, 23 f., 95

T
Target-Übung 57, 64, 66, 69, 71, 75 f.
Teilkörperbewegung 23, 79
Tiefensensibilität 94
Timing 38, 61
Trainingseinheit 29 ff., 45, 58, 68
Trainingsfehler 62, 72
Trainingsregeln 44, 47, 82
Trainingsschritte 68, 79
Trainingssprache 49
Tricktraining 39
Trockenübung 66, 68 ff.
Troubleshooting 72, 79, 92, 95, 97, 99

U
Übungsaufbau 89
Umgebung 32 f., 50, 69
Umweltreiz 35
Unangenehmes 38
Untergrund 84, 89, 91 ff., 21, 23
Unterscheidungsaufgabe 83

V
Verständnis 5, 48
Vorbereitung 5, 66, 76, 81, 90, 94, 96, 98 f., 101

W
Wahrnehmung 4, 15, 94
Warmblut 4
Warm-Up 33

Z
Zapfen 80
Zerstückelung 95
Zielbild 56, 58, 66
Zögern 79
Zug 37 f.
Zungenclick 51, 53
Zwischenhirn 9

BILDNACHWEIS

110 Farbfotos wurden von Horst Streitferdt / KOSMOS für dieses Buch aufgenommen.
Mit 110 Farbfotos von Horst Streitferdt / KOSMOS

Mit 2 Illustrationen von Atelier Krohmer.

IMPRESSUM

Umschlaggestaltung von GRAMISCI Editorial Design, Isabell Fischer, München unter Verwendung eines Farbfotos von Nick Verlohr (U1) und 8 Farbfotos von Horst Streitferdt / KOSMOS.

Mit 110 Farbfotos und 2 Farbzeichnungen.

Alle Angaben in diesem Buch erfolgen nach bestem Wissen und Gewissen. Sorgfalt bei der Umsetzung ist indes dennoch geboten. Der Verlag und die Autorin übernehmen keinerlei Haftung für Personen-, Sach- oder Vermögensschäden, die aus der Anwendung der vorgestellten Materialien und Methoden entstehen könnten.

Unser gesamtes Programm finden Sie unter **kosmos.de.**
Über Neuigkeiten informieren Sie regelmäßig unsere Newsletter, einfach anmelden unter **kosmos.de/newsletter**

Gedruckt auf chlorfrei gebleichtem Papier

ISBN 978-3-440-17618-4
Projektleitung und Redaktion: Alexandra Haungs
Gestaltungskonzept: GRAMISCI Editorialdesign, Cornelia Sekulin
Gestaltung und Satz: Atelier Krohmer, Dettingen/Erms
Produktion: Claudia Frank
Druck und Bindung: Westermann Druck Zwickau GmbH, Zwickau
Printed in Germany / Imprimé en Allemagne

FSC www.fsc.org MIX Papier | Fördert gute Waldnutzung FSC® C110508